21世纪高等学校计算机类课程创新规划教材 · 微课版

Java Web编程技术

（第3版）题解与实验指导

◎ 沈泽刚 编著

清华大学出版社

北京

内 容 简 介

本书是《Java Web 编程技术（第 3 版）》（沈泽刚编著，清华大学出版社出版）的配套实验指导与习题解析，目的是帮助读者完成上机实训和课后习题。全书共 13 章，每章包含如下内容：① 本章知识点总结，该部分总结了本章讲授的主要知识点。② 实训任务，该部分以任务驱动方式给出实训题目，并给出操作的详细步骤，指导读者一步步完成任务。③ 思考与练习答案，该部分给出主教材的所有习题的参考答案，供读者学习参考。

本书适合作为“Java Web 编程技术”课程的教学辅助用书，也可供自学 Java Web 技术的人员参考。

图书在版编目（CIP）数据

Java Web 编程技术（第 3 版）题解与实验指导/沈泽刚编著. —北京：清华大学出版社，2019
（2024. 1重印）
（21 世纪高等学校计算机类课程创新规划教材·微课版）
ISBN 978-7-302-50340-8

Ⅰ. ①J… Ⅱ. ①沈… Ⅲ. ①JAVA 语言 – 程序设计 – 高等学校 – 教学参考资料 Ⅳ. ①TP312.8

中国版本图书馆 CIP 数据核字（2018）第 114923 号

责任编辑： 魏江江　薛　阳
封面设计： 刘　键
责任校对： 徐俊伟
责任印制： 宋　林

出版发行： 清华大学出版社
网　　址： https://www.tup.com.cn, https://www.wqxuetang.com
地　　址： 北京清华大学学研大厦 A 座　　**邮　　编：** 100084
社 总 机： 010-83470000　　**邮　　购：** 010-62786544
投稿与读者服务： 010-62776969，c-service@tup.tsinghua.edu.cn
质 量 反 馈： 010-62772015，zhiliang@tup.tsinghua.edu.cn
课 件 下 载： https://www.tup.com.cn，010-83470236
印 装 者： 三河市君旺印务有限公司
经　　销： 全国新华书店
开　　本： 185mm×260mm　　**印　张：** 10.25　　**字　　数：** 251 千字
版　　次： 2019 年 4 月第 1 版　　**印　　次：** 2024 年 1 月第 5 次印刷
印　　数： 4001～4300
定　　价： 29.50 元

产品编号：079449-01

前　言

本书是《Java Web 编程技术（第 3 版）》（沈译刚编著，清华大学出版社出版）一书的配套教学辅导教材，它是为帮助读者更好地学习主教材而编写的。本书与主教材的各章一致，共分为 13 章。每章包括如下三方面的内容。

1. 知识点总结

这部分内容总结了本章讲述的主要知识点，包括基本概念和基本方法，指出读者应该学习掌握的重点内容。读者可以将这部分内容作为阅读教材的提纲。

2. 实训任务

这部分内容以任务的方式给出操作题目，指导读者一步步完成任务。通过这些任务，读者可以掌握本章的知识点并提高操作能力。学习软件开发不上机实践是学不好的，学生通过上机实践可以巩固所学知识点、发现问题，找到和学会解决这些问题的方法。上机是学习这门课程的重要环节，必须做好。

3. 思考与练习答案

这部分内容给出了教材中每章的思考与练习参考答案。除选择题答案外，还给出一些编程题参考程序。读者在完成主教材中的习题后，对照这里的答案，可以发现问题，从而有助于掌握所学知识。

本书是在《Java Web 编程技术（第 3 版）》一书的基础上编写的，是主教材的补充。希望本书能够对读者更好地掌握这门课程的基本要求，更好地掌握 Java Web 开发的基本技术和实际应用有所帮助。我们希望此教材能为广大教师在 Java Web 教学方面提供一些便利，为学生学习 Java Web 编程技术提供实用的帮助。

本教材在编著过程中得到了很多老师的大力支持和帮助，在此表示感谢！也由衷地希望广大读者多提宝贵意见。由于作者水平有限，书中难免存在错误和不足，欢迎读者和同行专家批评指正。

编　者

2018 年 3 月

目　录

第 1 章　Java Web 技术概述 1

1.1　知识点总结 1
1.2　实训任务 1
1.3　思考与练习答案 9

第 2 章　Servlet 核心技术 11

2.1　知识点总结 11
2.2　实训任务 12
2.3　思考与练习答案 17

第 3 章　JSP 技术基础 21

3.1　知识点总结 21
3.2　实训任务 22
3.3　思考与练习答案 27

第 4 章　会话与文件管理 32

4.1　知识点总结 32
4.2　实训任务 33
4.3　思考与练习答案 40

第 5 章　JDBC 访问数据库 43

5.1　知识点总结 43
5.2　实训任务 44
5.3　思考与练习答案 52

第 6 章　表达式语言 64

6.1　知识点总结 64
6.2　实训任务 65
6.3　思考与练习答案 70

第 7 章　JSTL 与自定义标签 ······ 73

7.1　知识点总结 ······ 73
7.2　实训任务 ······ 74
7.3　思考与练习答案 ······ 79

第 8 章　Java Web 高级应用 ······ 85

8.1　知识点总结 ······ 85
8.2　实训任务 ······ 86
8.3　思考与练习答案 ······ 93

第 9 章　Web 安全性入门 ······ 96

9.1　知识点总结 ······ 96
9.2　实训任务 ······ 97
9.3　思考与练习答案 ······ 101

第 10 章　AJAX 技术基础 ······ 104

10.1　知识点总结 ······ 104
10.2　实训任务 ······ 105
10.3　思考与练习答案 ······ 114

第 11 章　Struts 2 框架基础 ······ 116

11.1　知识点总结 ······ 116
11.2　实训任务 ······ 118
11.3　思考与练习答案 ······ 126

第 12 章　Hibernate 框架基础 ······ 128

12.1　知识点总结 ······ 128
12.2　实训任务 ······ 130
12.3　思考与练习答案 ······ 145

第 13 章　Spring 框架基础 ······ 147

13.1　知识点总结 ······ 147
13.2　实训任务 ······ 147
13.3　思考与练习答案 ······ 157

第1章 Java Web 技术概述

本章主要学习 Java Web 开发的基本概念以及开发环境构建，包括 Web 客户/服务器体系结构、Web 开发前端技术、Tomcat 服务器与 Eclipse 的安装、配置等。

1.1 知识点总结

（1）Web 是基于客户/服务器（C/S）的一种体系结构，客户在计算机上使用浏览器向 Web 服务器发出请求，服务器响应客户请求，向客户回送所请求的网页，客户在浏览器窗口上显示网页的内容。

（2）超文本传输协议 HTTP 是 Web 使用的协议。它是一个基于请求-响应的无状态协议。客户向服务器发送请求，服务器对请求进行处理。

（3）Web 客户端技术包括 HTML、CSS、JavaScript 等。HTML 用来编写 Web 文档，CSS 是一种样式设计语言，JavaScript 是一种脚本语言。

（4）Web 文档是一种重要的 Web 资源，它通常是使用某种语言（如 HTML、JSP 等）编写的页面文件，因此也称为 Web 页面。Web 文档又分为静态文档和动态文档。

（5）Servlet 是用 Servlet API 以及相关的类编写的 Java 程序，这种程序运行在 Web 容器中，主要用来扩展 Web 服务器的功能。

（6）JSP（JavaServer Pages）页面是在 HTML 页面中嵌入 JSP 元素的页面，这些元素称为 JSP 标签。JSP 元素具有严格定义的语法并包含完成各种任务的语法元素，例如声明变量和方法、JSP 表达式、指令和动作等。

（7）Web 容器（或 Servlet 容器）是运行 Servlet 和 JSP 的软件。Tomcat 服务器是最常用的 Web 容器。

（8）Eclipse for Java EE Developer 是开发 Java Web 项目的开发工具。使用它可以创建动态 Web 项目。

1.2 实 训 任 务

【实训目标】

学会 Java Web 开发环境构建，包括 Tomcat 服务器安装、Eclipse IDE 安装与配置；掌握用 Eclipse 创建动态 Web 项目、编写和运行 Servlet、编写和运行 JSP。

任务 1　学习安装 Tomcat 服务器

运行 Tomcat 需要 JDK 环境，因此首先需要安装 JDK，假设系统已经安装最新版本 JDK 9。

下面完成 Tomcat 的安装。

Tomcat 服务器可到 http://tomcat.apache.org/网站下载各种版本的软件。假设下载的是 Windows 可执行的安装文件 apache-tomcat-9.0.0.M20.exe。

具体安装步骤如下：

（1）双击下载的安装文件 apache-tomcat-9.0.0.M20.exe，在出现的如图 1-1 所示的界面中选择安装的类型。这里选择完全安装，在 Select the type of install 下拉框中选择 Full，然后单击 Next 按钮，出现如图 1-2 所示的界面。

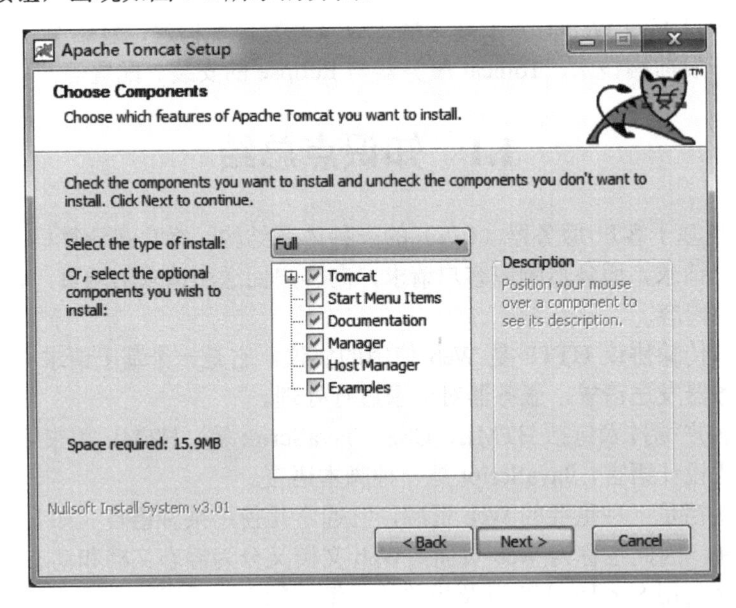

图 1-1　选择安装类型

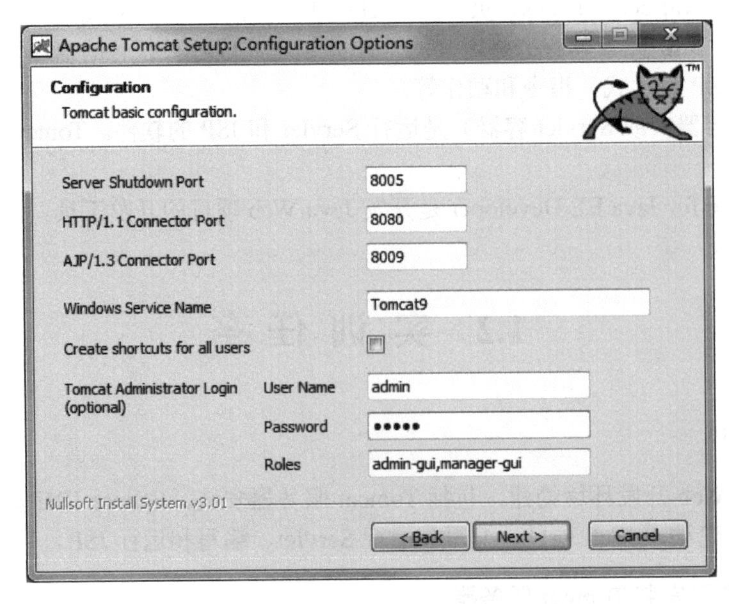

图 1-2　指定端口号、用户名和口令

这里要求用户输入服务器的端口号、管理员的用户名和口令。Tomcat 默认的端口号为 8080，管理员的用户名和口令都填为 admin。

（2）单击 Next 按钮，出现如图 1-3 所示的对话框，这里需要指定 Java 虚拟机的运行环境的安装路径。接下来出现如图 1-4 所示的对话框，这里要求用户指定 Tomcat 软件的安装路径，默认路径是 C:\Program Files\Apache Software Foundation\Tomcat 9.0。该目录为 Tomcat 的安装目录，在下文中用*<tomcat-install>*表示。

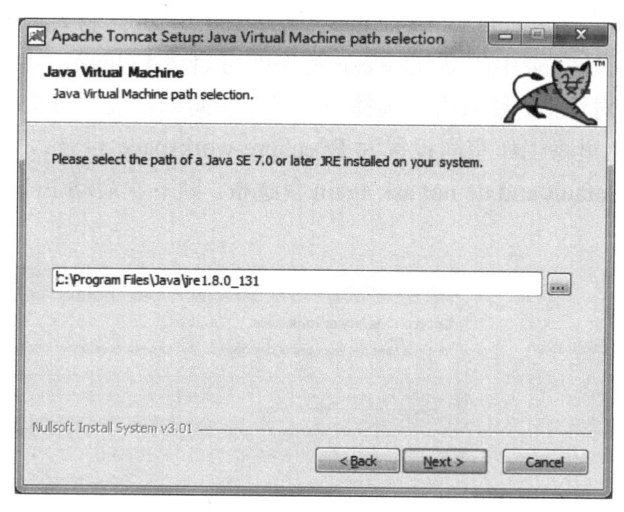

图 1-3　设置 Tomcat 安装路径

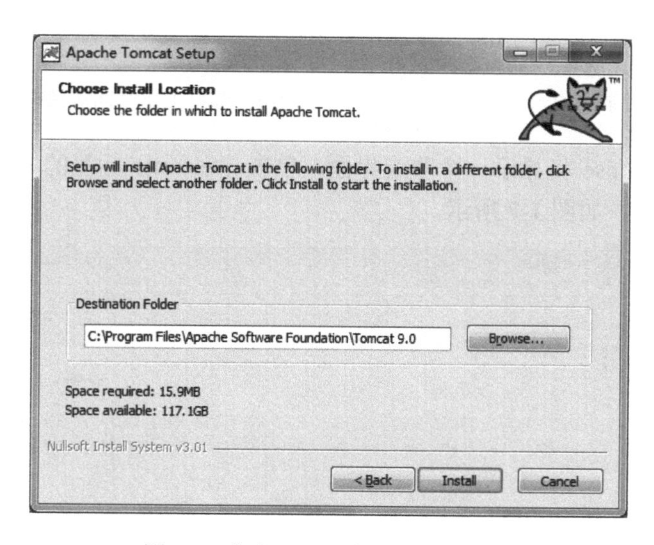

图 1-4　指定 Java 运行时环境的路径

单击 Install 按钮，系统开始安装。在最后出现的窗口中单击 Finish 按钮结束安装。

（3）查看 Tomcat 安装目录。Tomcat 安装后的目录结构如图 1-5 所示。其中，bin 目录包含启动和停止服务器的程序 Tomcat9w.exe，lib 目录包含各种库文件，webapps 目录中包含所有的 Web 应用程序。

（4）启动 bin 目录的 Tomcat9w.exe 程序，查看 Tomcat 的启动状态。

（5）启动浏览器，在地址栏中输入“http://localhost:8080/”，测试 Tomcat 是否正常运行。

任务 2　安装 Eclipse 开发工具

Eclipse 下载地址为 http://www.eclipse.org/downloads/，注意应下载 Eclipse IDE for Java EE Developers。

（1）假设下载的文件是 eclipse-jee-neon-3-win32-x86_64.zip，将其解压到 E:\eclipse 目录。

（2）直接运行解压目录中的 eclipse.exe 程序即可启动 Eclipse。启动 Eclipse 时首先弹出 Eclipse Launcher 对话框，要求用户选择一个工作空间以存放项目文档，读者可自行设置自己的工作空间，这里将工作空间设置为 E:\eclipse-workspace 目录，如图 1-6 所示。如果选中 Use this as the default and do not ask again 复选框，则下次启动 Eclipse 将不再显示设置工作空间对话框。

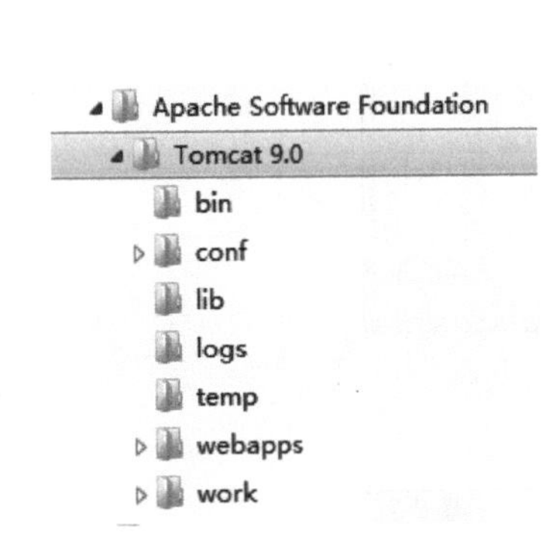

图 1-5　Tomcat 目录结构

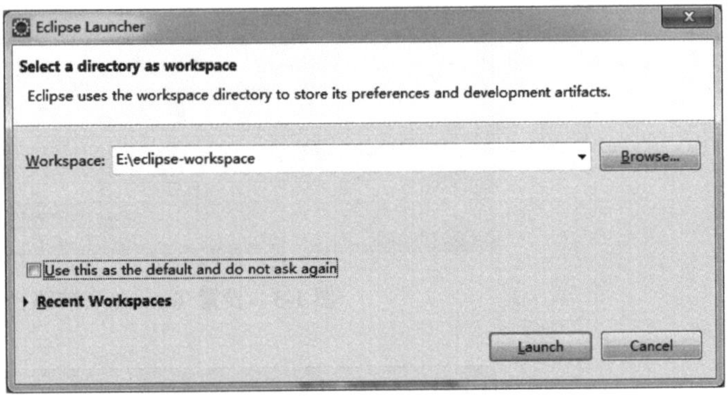

图 1-6　选择工作空间对话框

第一次运行 Eclipse 将显示一个欢迎界面，单击 Welcome 标签的关闭按钮，就可以进入 Eclipse 开发环境，如图 1-7 所示。

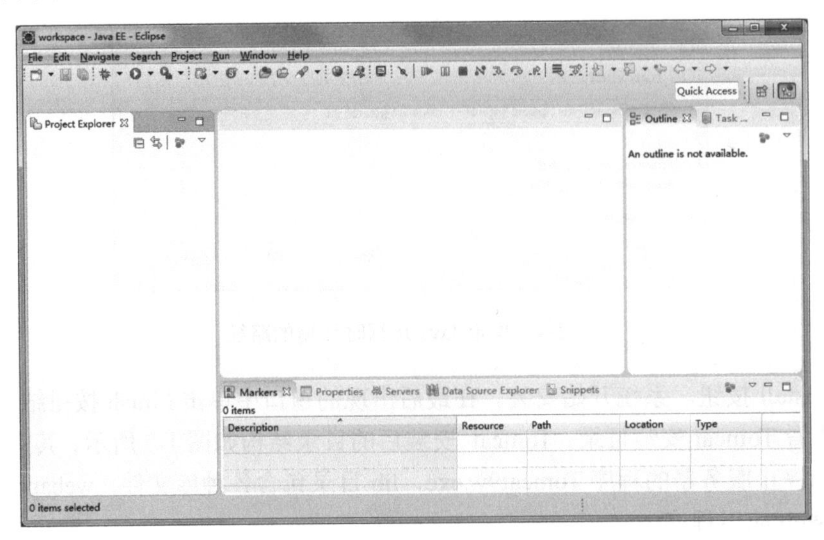

图 1-7　Eclipse 的开发界面

（3）在 Eclipse 中配置 Tomcat 服务器。选择 Window→Preferences 命令，在打开的对话框左边列表框中选择 Server 节点中的 Runtime Environments。单击窗口右侧的 Add 按钮，打开 New Server Runtime Environmen 对话框，在该对话框中可选择服务器的类型和版本，这里使用的是 Apache Tomcat v 9.0。

任务 3　使用 Eclipse IDE 创建动态 Web 项目

创建一个名为 helloweb 的动态 Web 项目。

（1）在 Eclipse 中选择 File→New→Dynamic Web Project，打开新建动态 Web 项目对话框。在 Project name 文本框中输入项目名 hello-demo，下面的选项采用默认值即可，如图 1-8 所示。

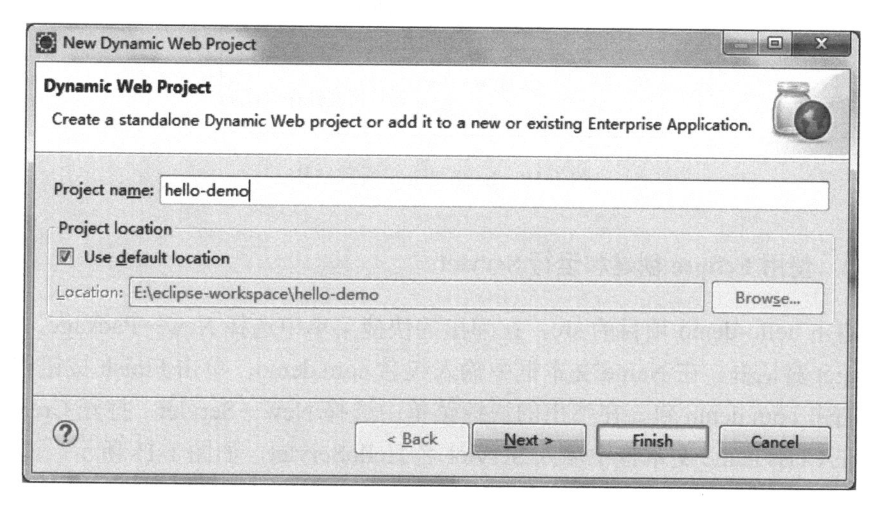

图 1-8　新建动态 Web 项目对话框

（2）单击 Next 按钮，打开 Web Module 对话框，在这里需要指定 Web 应用程序上下文根目录名称和 Web 内容存放的目录，这里采用默认值，选中 Generate web.xml deployment descriptor 复选框，由 Eclipse 产生部署描述文件，如图 1-9 所示。

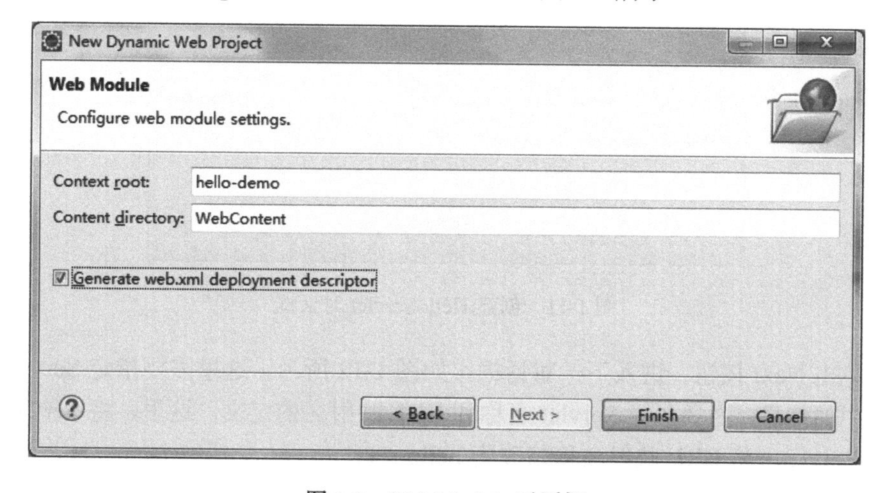

图 1-9　Web Module 对话框

最后单击 Finish 按钮，结束项目的创建。项目创建后，在 Eclipse 中显示项目结构，如图 1-10 所示。这里，src 目录用于存放 Java 源程序，WebContent 目录用于存放其他资源文件，如 JSP 页面等。

图 1-10　hello-demo 项目结构

任务 4　使用 Eclipse 创建和运行 Servlet

（1）右击 hello-demo 项目的 src，在弹出的快捷菜单中选择 New→Package，打开 New Java Packaget 对话框。在 Name 文本框中输入包名 com.demo，单击 Finish 按钮创建包。

（2）右击 com.demo 包，在弹出的快捷菜单中选择 New→Servlet，打开 Create Servlet 对话框。在 Class name 文本框中输入 Servlet 名 HelloServlet，如图 1-11 所示。

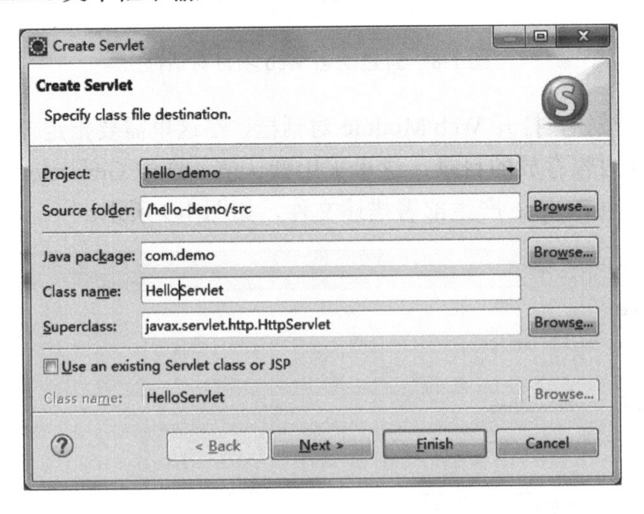

图 1-11　创建 HelloServlet 对话框

（3）单击 Next 按钮，进入下一对话框，如图 1-12 所示。这里需要指定 Servlet 在部署描述文件中的信息，主要包括 Servlet 名称和 URL 映射名的定义。这里，将 Servlet 名称修改为 helloServlet，将 URL 映射名称修改为/hello-servlet。

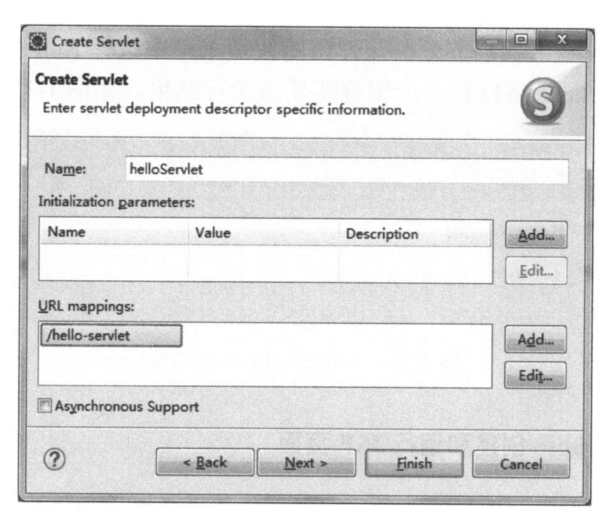

图 1-12 Servlet 映射配置对话框

（4）单击 Next 按钮，在出现的对话框中指定 Servlet 实现的接口及自动生成的方法，这里只选中 doGet 方法。最后单击 Finish 按钮，Eclipse 将生成该 Servlet 的部分代码并在编辑窗口中打开，修改后的完整代码如下：

```
package com.demo;
import java.io.IOException;
import javax.servlet.ServletException;
import javax.servlet.annotation.WebServlet;
import javax.servlet.http.HttpServlet;
import javax.servlet.http.HttpServletRequest;
import javax.servlet.http.HttpServletResponse;
import java.time.LocalDate;
import java.io.*;

@WebServlet(name = "helloServlet", urlPatterns = { "/hello-servlet" })
public class HelloServlet extends HttpServlet {
    private static final long serialVersionUID = 1L;
    protected void doGet(HttpServletRequest request,
                         HttpServletResponse response)
                         throws ServletException, IOException {
           response.setContentType("text/html;charset=UTF-8");
           PrintWriter out = response.getWriter();
           out.println("<html>");
           out.println("<body><head><title>当前日期</title></head>");
           out.println("<h3>Hello,World!</h3>");
           out.println("今天的日期是:"+ LocalDate.now() );
           out.println("</body>");
           out.println("</html>");
    }
}
```

（5）在 Eclipse 中右击代码部分，在弹出的快捷菜单中选择 Run As→Run on Server 即可运行该 Servlet。Eclipse 将打开内部浏览器显示运行结果，如图 1-13 所示。

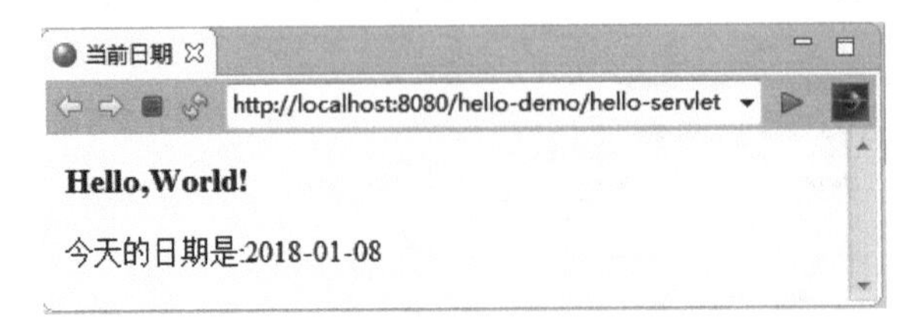

图 1-13　HelloServlet 运行结果

任务 5　使用 Eclipse 创建和运行 JSP 页面

创建一个名为 hello.jsp 的 JSP 页面，实现与任务 4 的 Servlet 相同的功能。

（1）右击 hello-demo 项目的 WebContent 节点，在弹出的快捷菜单中选择 New→JSP File，打开 New JSP File 对话框。选择 JSP 页面存放的目录，这里为 WebContent。在 File name 文本框中输入文件名 hello.jsp。

（2）单击 Next 按钮，打开选择 JSP 模板对话框，从模板列表中选择要使用的模板，这里选择 New JSP File(html)模板，然后单击 Finish 按钮。

（3）Eclipse 创建 hello.jsp 页面并在工作区中打开该文件，在<body>标签中插入两行代码：

```
<%@ page language="java" contentType="text/html; charset=UTF-8"
        pageEncoding="UTF-8"%>
<%@ page import="java.time.LocalDate" %>
<html>
<head><title>当前日期</title></head>
<body>
    <h3>Hello,World!</h3>
    今天的日期是：<%=LocalDate.now() %>
</body>
</html>
```

（4）在 JSP 页面编辑区中右击，在弹出的快捷菜单中选择 Run As→Run on Server 即可执行该 JSP 页面，运行结果如图 1-14 所示。

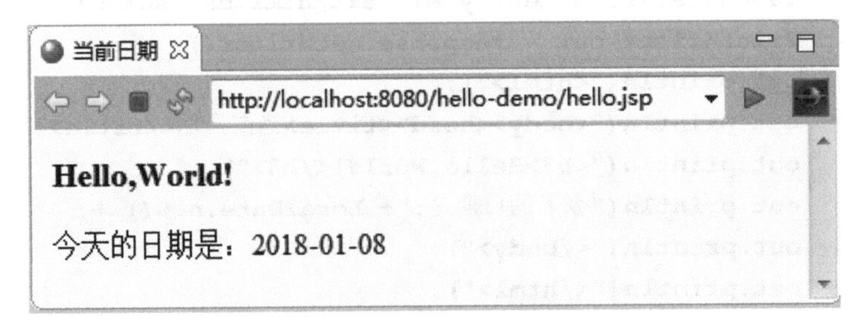

图 1-14　hello.jsp 页面运行结果

1.3 思考与练习答案

1．主机名 localhost 对应的 IP 地址是（　　）。

A．192.168.0.1　　B．127.0.0.1

C．0:0:0:0:0:0:0:1　　D．1:0:0

【答】 B。127.0.0.1 是本地主机的 IP 地址，它对应的主机名是 localhost。

2．下面哪个是 URL?（　　）

A．www.tsinghua.edu.cn　　B．http://www.baidu.com

C．121.52.160.5　　D．/localhost:8080/webcourse

【答】 B。A 是一个主机名，C 是一个 IP 地址，D 是一个 URI。

3．要在页面中导入 css/layout.css 样式单文件，下面哪两个选项是正确的？（　　）

A．<link type="text/css" href="css\layout.css" rel="stylesheet" />

B．<script type="text/javascript" src="css\layout.css "></script>

C．<style type="text/css">@import url(css/layout.css);</style>

D．<meta http-equiv="Content-Type" content=" css\layout.css; charset=UTF-8">

【答】 A，C。使用这两个标签都可以导入样式单。

4．若访问的资源不存在，服务器向客户发送一个错误页面，该页面中显示的 HTTP 状态码是（　　）。

A．500　　B．200　　C．404　　D．403

【答】 C。状态码 500 表示服务器内部错误，403 表示页面禁止访问，200 表示请求成功。

5．下面哪个不是服务器页面技术？（　　）

A．JSP　　B．ASP　　C．PHP　　D．JavaScript

【答】 D。JavaScript 是一种脚本语言，可用来编写脚本代码实现客户端动态页面技术。JSP、ASP 和 PHP 都是服务器端动态页面技术。

6．Servlet 必须在什么环境下运行？（　　）

A．操作系统　　B．Java 虚拟机　　C．Web 容器　　D．Web 服务器

【答】 C。Servlet 必须在 Web 容器或 Servlet 容器中运行，Tomcat 是最常用的 Web 容器。

7．下面是 URL 的为（　　），是 URI 的为（　　），是 URN 的为（　　）。

① http://www.myserver.com/hello

② files/sales/report.html

③ ISBN:1-930110-59-6

【答】 ①是 URL，①和②都是 URI，③是 URN。

8．在 Tomcat 服务器中，一个 Web 应用程序应该存放在 Tomcat 的哪个目录中？（　　）

A．bin 目录　　B．confs 目录

C．webapps 目录　　D．work 目录

【答】 C。Tomcat 服务器的 webapps 目录中每个子目录是一个 Web 应用程序。

9．什么是 URL，什么是 URI，它们都由哪几部分组成？URL 与 URI 有什么关系？

【答】 URL 称为统一资源定位符，URL 通常由 4 部分组成：协议名称、主机的 DNS 名、可选的端口号和资源的名称。URI 称为统一资源标识符，是以特定语法标识一个资源的字符串。URI 由模式和模式特有的部分组成，它们之间用冒号隔开，一般格式如下：

```
schema:schema-specific-part
```

URI 是 URL 和 URN 的超集。

10．动态 Web 文档技术有哪些？服务器端动态文档技术和客户端动态文档技术有何不同？

【答】 动态 Web 文档技术包括服务器端动态文档技术和客户端动态文档技术，前者包括 CGI 技术、服务器扩展技术和 HTML 页面中嵌入脚本技术。其中 HTML 页面中嵌入脚本技术包括 ASP、PHP 和 JSP 技术。

最流行的客户端动态文档技术是在 HTML 页面中嵌入 JavaScript 脚本代码。使用 JavaScript 可以设计交互式页面。与服务器端动态文档不同，JavaScript 脚本是在客户端执行的。

11．什么是 Servlet？什么是 JSP？它的主要作用是什么？

【答】 Servlet 是用 Servlet API 开发的 Java 程序，它运行在 Web 容器中。Web 容器是运行 Servlet 的软件，主要用来扩展 Web 服务器的功能。

12．哪些资源应该存放在 Web 应用程序的 WEB-INF 目录中？

【答】 如果资源仅供服务器访问，存放在 WEB-INF 目录中即可，以避免用户直接用 URL 访问它。

第2章 Servlet 核心技术

本章学习 Servlet 核心编程技术，包括 HttpServlet 类、HttpServletRequest 请求对象、HttpServletResponse 响应对象、处理请求参数、请求转发、处理响应等。

2.1 知识点总结

（1）Servlet API 是 Java Web 开发的基础，它由 4 个包组成：javax.servlet、javax.servlet.http、javax.servlet.annotation 和 javax.servlet.descriptor。

（2）Servlet 接口是核心接口，每个 Servlet 必须直接或间接实现该接口，该接口定义了 init()、service()和 destroy()生命周期方法以及 getServletInfo()与 getServletConfig()。

（3）GenericServlet 抽象类实现了 Servlet 接口和 ServletConfig 接口。

（4）ServletConfig 在 Servlet 初始化时，容器将调用 init(ServletConfig)，并为其传递一个 ServletConfig 对象，该对象称为 Servlet 配置对象，使用该对象可以获得 Servlet 初始化参数、Servlet 名称、ServletContext 对象等。

（5）HttpServlet 类扩展了 GenericServlet 类，在 HttpServlet 中针对不同的 HTTP 请求方法定义了不同的处理方法，如处理 GET 请求的 doGet()，该方法有两个参数：一个是请求对象，一个是响应对象。

（6）HttpServletRequest 接口对象是请求对象，使用它可以检索客户请求信息，如使用 getParameter()可以获取请求参数，getMethod()可以获取请求的 HTTP 方法（如 GET 或 POST），getRequestURI()返回请求 URI 等。

（7）HttpServletResponse 接口对象是响应对象，通过它可向客户端发送响应消息，如 getWriter()返回 PrintWriter 对象，它可以向客户发送文本数据；setContentType()设置响应的内容类型；setHeader()设置响应头；sendRedirect()响应重定向等。

（8）在客户端发生下面的事件，浏览器就向 Web 服务器发送一个 HTTP 请求。① 用户在浏览器的地址栏中输入 URL 并按 Enter 键。② 用户点击了 HTML 页面中的超链接。③ 用户在 HTML 页面中填写一个表单并提交。

（9）要实现请求转发，调用请求对象的 getRequestDispatcher()得到 RequestDispatcher 对象，然后调用它的 forward()方法将请求转发其他资源（Servlet 或 JSP）。

（10）请求对象是一个作用域对象，通过它的 setAttribute()将一个对象作为属性存储到请求对象中，然后可以在请求作用域的其他资源中使用 getAttribute()检索出属性。

（11）每个 Web 应用程序在它的根目录中都必须有一个 WEB-INF 目录，其中 classes 目录存放类文件，lib 目录存放库文件，该目录下还应该有一个 web.xml 文件，称为部署描述文件。

（12）在 Servlet 3.0 的 javax.servlet.annotation 包中定义了若干注解，使用@WebServlet 注解可以定义 Servlet。

下面一行是为 helloServlet 添加的注解。

```
@WebServlet(name="helloServlet",urlPatterns={"/hello-servlet"})
```

这里，name 元素指定 Servlet 名称，urlPatterns 元素指定 URL。该注解还可包含其他元素。注解在应用程序启动时被 Web 容器处理，容器根据具体的元素配置将相应的类部署为 Servlet。

（13）Web 容器在启动时会加载每个 Web 应用程序，并为每个 Web 应用程序创建一个唯一的 ServletContext 实例对象，该对象一般称为 Servlet 上下文对象。在 Servlet 中可以直接调用 getServletContext()得到 ServletContext 引用。ServletContext 对象也是一个作用域对象，它是 4 个作用域中最大的作用域对象，在其上也可以使用 setAttribute()存储属性，在其他资源中使用 getAttribute()返回属性值。

2.2 实训任务

【实训目标】

学会通过 Servlet 处理表单数据；通过 Servlet 处理业务逻辑，实现请求转发等；掌握 ServletContext 获得资源的方法。

任务 1 学习获取表单请求参数

开发一个简单的考试系统，在 HTML 页面中建立一个表单，通过 POST 方法传递参数。题目类型包括单选题、多选题和填空题，要求程序给出考试成绩。

（1）在 Eclipse 中，新建一个名为 servlet-demo 的动态 Web 项目。在项目的 WebContent 目录中创建名为 question.html 的页面用于显示测试题目，代码如下，运行结果如图 2-1 所示。

```
<!DOCTYPE html>
<html>
<head>
    <meta charset="UTF-8">
    <title>简单测试</title></head>
<body>
<p>请回答下面的问题：</p>
<form action="simpletest.do" method="post">
<p> 1. Windows操作系统是哪个公司的产品？
    <input type="radio" name="q1" value="1"> Apple公司
    <input type="radio" name="q1" value="2"> IBM公司
    <input type="radio" name="q1" value="3"> Microsoft公司<br>
<p> 2. 编写Servlet程序应继承哪个类？
```

```
    <input type="text" name="q2" size="30"><br>
<p> 3. 下面的程序设计语言，哪些是面向对象的？
    <input type="checkbox" name="q3" value="1"> Java语言
    <input type="checkbox" name="q3" value="2"> C语言
    <input type="checkbox" name="q3" value="3"> C++语言<br>
<p> 4.下图是哪种编程语言的徽标？
    <input type="radio" name="q4" value="1">38
    <input type="radio" name="q4" value="2">40
    <input type="radio" name="q4" value="3">44<br>
    <img src="logo.png.jpg" width=100 /><br>
<p>交卷请单击:<input type="submit" value="交卷">
    重答请单击: <input type="reset" value="重答">
</form>
</body>
</html>
```

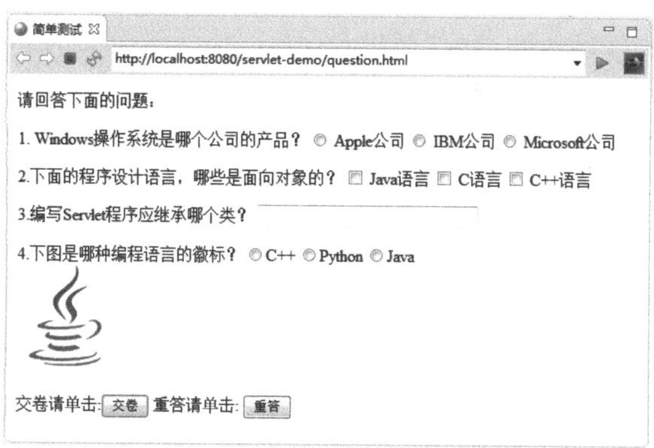

图 2-1　question.html 运行结果

（2）在 src 目录中创建 com.demo 包，然后在其中创建 ExamServlet.java 文件，文件代码如下：

```
package com.demo;
import java.io.IOException;
import java.io.PrintWriter;
import javax.servlet.ServletException;
import javax.servlet.annotation.WebServlet;
import javax.servlet.http.HttpServlet;
import javax.servlet.http.HttpServletRequest;
import javax.servlet.http.HttpServletResponse;

@WebServlet(name="examServlet",urlPatterns={"/exam-servlet"})
public class SimpleTestServlet extends HttpServlet {
    private static final long serialVersionUID = 1L;
    protected void doPost(HttpServletRequest request,
                          HttpServletResponse response)
```

```
                        throws ServletException, IOException {
        response.setContentType("text/html;charset=UTF-8");
        PrintWriter out = response.getWriter();
        String quest1 = request.getParameter("q1");
        String quest2 = request.getParameter("q2").trim();
        String[] quest3 = request.getParameterValues("q3");
        String quest4 = request.getParameter("q4").trim();
        int score = 0;
        if(quest1!=null && quest1.equals("3")){
          score = score+25;    //答对一题加25分
        }
        if(quest2!=null&& (quest2.equals("HttpServlet")||
          quest2.equals("javax.servlet.http.HttpServlet"))){
          score = score+25;
        }
        if(quest3!=null&&quest3.length==2&&quest3[0].equals("1")&&
          quest3[1].equals("3")){
          score = score+25;
        }
        if(quest2!=null&& quest2.equals("3")){
          score = score+25;
        }
        out.println("<html><head>");
        out.println("<title>测试结果</title>");
        out.println("</head><body>");
        out.println("你的成绩是："+score+"分");
        out.println("</body></html>");
    }
}
```

当在页面中选择了题目答案，单击“交卷”按钮时，将调用 ExamServlet，在该 Servlet 中首先检索请求参数，然后判断用户答案是否正确，最后给出分数。

（3）在 question.html 页面的编辑区右击，在弹出的快捷菜单中选择 Run As→Run on Server 即可执行该页面。在页面中选择题目答案，单击“交卷”按钮，将执行 ExamServlet，在浏览器中显示结果如图 2-2 所示。

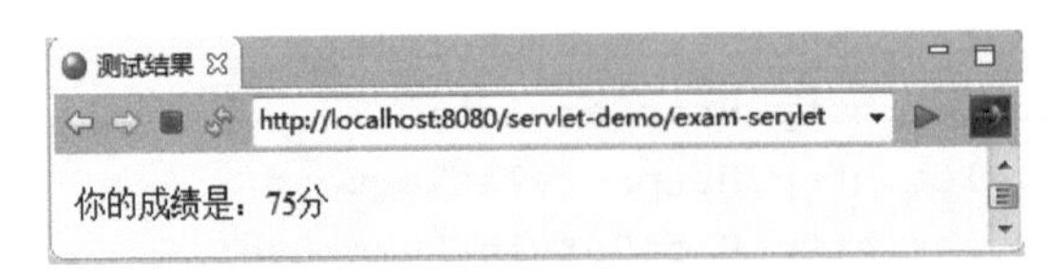

图 2-2　ExamServlet 运行结果

任务 2　学习请求转发与请求作用域

完成下面的综合应用，程序运行首先显示一个页面，输入学号和姓名后，单击“登录”

按钮，控制转发到 FirstServlet，在其中检索出学号和姓名信息，创建一个 Student 对象并将它存储到请求（request）作用域中，将控制转发到 SecondServlet，在其中从请求作用域检索出 Student 对象并显示学号和姓名，同时显示一个链接。

（1）在 servlet-demo 项目的 WebContent 目录中创建名为 input.jsp 的 JSP 页面，其中包括一个表单，表单中包含两个文本域，分别供用户输入学号和姓名，该页面也包含提交和重置按钮。

```
<%@ page contentType="text/html; charset=UTF-8"
    pageEncoding="UTF-8"%>
<html>
<head>
<title>登录页面</title>
</head>
<body>
<form action="first-servlet" method="post">
    学号<input type="text" name="sno" size="15" /><br>
    姓名<input type="text" name="sname" size="15"/><br>
    <input type="submit" value="登录" />
    <input type="reset" value="取消" />
</form>
</body>
</html>
```

（2）在 servlet-demo 项目中新建 com.demo 包，在该包中定义一个名为 Student 的类，其中包括学号 sno 和姓名 name 两个 private 的成员变量，定义一个带两个参数的构造方法，为属性定义访问和修改 sno 和 name 的方法。

```
package com.demo;
public class Student {
    private String sno;
    private String name;
    public Student(String sno, String name) {
        this.sno = sno;
        this.name = name;
    }
    public String getSno() {
        return sno;
    }
    public void setSno(String sno) {
        this.sno = sno;
        }
    public String getName() {
        return name;
    }
    public void setName(String name) {
```

```
        this.name = name;
    }
}
```


（3）在 com.demo 包中创建名为 FirstServlet 的 Servlet，要求当用户在 input.jsp 中输入信息后单击“登录”按钮，请求 FirstServlet 对其处理。在 FirstServlet 中使用表单传递的参数（学号和姓名）创建一个 Student 对象并将其作为属性存储在请求对象中，然后通过请求对象的 getRequestDispatcher()获得 RequestDispatcher 对象，将请求转发到 SecondServlet。

```
package com.demo;
import java.io.IOException;
import javax.servlet.RequestDispatcher;
import javax.servlet.ServletException;
import javax.servlet.annotation.WebServlet;
import javax.servlet.http.HttpServlet;
import javax.servlet.http.HttpServletRequest;
import javax.servlet.http.HttpServletResponse;
@WebServlet("/first-servlet")
public class FirstServlet extends HttpServlet {
    protected void doPost(HttpServletRequest request,
                    HttpServletResponse response)
              throws ServletException, IOException {
    String sno = request.getParameter("sno");
    String name = request.getParameter("sname");
    Student student = new Student(sno,name);
    request.setAttribute("student", student);
    RequestDispatcher rd =
         request.getRequestDispatcher("/second-servlet");
    rd.forward(request, response);
    }
}
```

（4）在 com.demo 包中创建名为 SecondServlet 的 Servlet，在它的 doPost()方法中从请求作用域中取出存储的 Student 对象，然后用输出流对象 out 输出该学生的学号和姓名。输出中还包含一个超链接，单击该链接可以返回到 input.jsp 页面。

```
package com.demo;
import java.io.IOException;
import java.io.PrintWriter;
import javax.servlet.ServletException;
import javax.servlet.annotation.WebServlet;
import javax.servlet.http.HttpServlet;
import javax.servlet.http.HttpServletRequest;
import javax.servlet.http.HttpServletResponse;
@WebServlet("/second-servlet")
public class SecondServlet extends HttpServlet {
```

```
protected void doPost(HttpServletRequest request,
            HttpServletResponse response)
        throws ServletException, IOException {
    Student student= (Student)request.getAttribute("student");
    response.setContentType("text/html;charset=UTF-8");
    PrintWriter out = response.getWriter();
    out.println("学号: "+student.getSno()+"<br>");
    out.println("姓名: "+new String(
            student.getName().getBytes("iso-8859-1"),"UTF-8")+"<br>");
    out.println("<a href='input.jsp'>返回输入页面</a>");
    }
}
```

（5）访问 input.jsp 页面，输入学号和姓名，如图 2-3 所示。单击“登录”按钮，请求 FirstServlet，然后控制又转发到 SecondServlet，显示结果如图 2-4 所示。

图 2-3　input.jsp 页面显示结果

图 2-4　SecondServlet 显示结果

2.3　思考与练习答案

1．下面哪个方法不是 Servlet 生命周期方法？（　　）

A．public void destroy()

B．public void service()

C．public ServletConfig getServletConfig()

D．public void init()

【答】 C。Servlet 生命周期方法包括 init()、service()和 destroy()。

2. 要使向服务器发送的数据不在浏览器的地址栏中显示，应该使用什么方法？（　　）

A．POST　　B．GET　　C．PUT　　D．HEAD

【答】 A。POST 方法发送的数据不在浏览器地址栏显示，而 GET 方法发送的数据将附加在请求 URL 后面并显示在浏览器地址栏。

3．考虑下面的 HTML 页面代码：

```
<a href="/HelloServlet">请求</a>
```

当用户在显示的超链接上单击时将调用 HelloServlet 的哪个方法？（　　）

A．doPost()　　B．doGet()　　C．doForm()　　D．doHref()

【答】 B。单击超链接向服务器发送 GET 请求。

4．有一个URL：http://www.myserver.com/hello?userName=John，问号后面的内容称为什么？（　　）

A．请求参数　　B．查询串　　C．请求URI　　D．响应数据

【答】 B。通过查询串可以向服务器传递一个或多个请求参数。

5．将一个Student类的对象student用名称studobj存储到请求作用域中，下面代码哪个是正确的？（　　）

A．request.setAttribute("student",studobj)

B．request.addAttribute("student",studobj)

C．request.setAttribute("studobj",student)

D．request.getAttribute("studobj",student)

【答】 C。setAttribute()方法的第一个参数是字符串对象名，第二个参数是对象的引用名。

6．如果需要向浏览器发送一个GIF文件，何时调用response.getOutputStream()？（　　）

A．在调用response.setContentType("image/gif")之前

B．在调用response.setContentType("image/gif")之后

C．在调用response.setDataType("image/gif")之前

D．在调用response.setDataType("image/gif")之后

【答】 B。先设置响应的内容类型，后获得响应的输出流。

7．如果需要向浏览器发送Microsoft Word文档，应该使用下面哪个语句创建out对象？（　　）

A．PrintWriter out = response.getServletOutput();

B．PrintWriter out = response.getPrintWriter();

C．OutputStream out = response.getWriter();

D．OutputStream out = response.getOutputStream();

【答】 D。发送Word文档应该使用字节输出流对象。

8．下面哪个方法用于从ServletContext中检索属性值？（　　）

A．String getAttribute(int index)

B．String getObject(int index)

C．Object getAttribute(int index)

D．Object getObject(int index)

E．Object getAttribute(String name)

F．String getAttribute(String name)

【答】 E。注意，从作用域中检索属性值的getAttribute()方法参数是属性名字符串，返回值是Object对象，通常需要进行类型转换。

9．下面哪个方法用来检索ServletContext初始化参数？（　　）

A．Object getInitParameter(int index)

B．Object getParameter(int index)

C．Object getInitParameter(String name)

D．String getInitParameter(String name)

E．String getParameter(String name)

【答】 D。

10．为Servlet上下文指定初始化参数，下面的web.xml片段哪个是正确的？（　　）

A. <context-param>

<name>country</name>

<value>China</value>

</context-param>

B. <context-param>

<param name="country" value="China" />

</context-param>

C. <context>

<param name="country" value="China" />

</context>

D. <context-param>

<param-name>country</param-name>

<param-value>China</param-value>

</context-param>

【答】 D。

11. 使用 RequestDispatcher 的 forward()转发请求和使用响应对象的 sendRedirect()重定向有何异同？

【答】 用 RequestDispatcher 的 forward()转发请求，存储在请求对象中的属性在转发到的资源中可用，用响应对象的 sendRedirect()，存储在请求对象中的属性在新的资源中不可用，但存储在会话对象中的属性可用。

12. 在 Servlet 中如果需要获得一个页面的表单中的请求参数，又不知道参数名时如何做？

【答】 可先通过请求对象的 getParameterNames()得到 Enumeration 对象，然后在其上得到每个请求参数名，再通过 getParameter()得到请求参数值。

13. 完成下列功能需使用哪个方法？

① 向输出中写 HTML 标签。（　　）

② 指定响应的内容为二进制文件。（　　）

③ 向浏览器发送二进制文件。（　　）

④ 向响应中添加响应头。（　　）

⑤ 重定向浏览器到另一个资源。（　　）

下面是选项：

A. 使用 HttpServletResponse 的 sendRedirect(String urlstring)。

B. 使用 HttpServletResponse 的 setHeader("name", "value")。

C. 使用 ServletResponse 的 getOutputStream()，然后使用 OutputStream 的 write(bytes)。

D. 使用 ServletResponse 的 setContentType(String contenttype)。

E. 首先使用 ServletResponse 的 getWriter()方法获得 PrintWriter 对象，然后调用 PrintWriter 的 print()。

【答】 ① E，② D，③ C，④ B，⑤ A

14. HTTP 请求结构由哪几部分组成？请求行由哪几部分组成？

【答】 HTTP 请求结构由请求行、请求头、空行和请求数据组成。请求行由方法名、请求资源的 URI 和使用的 HTTP 版本三部分组成。

15．HTTP 响应结构由哪几部分组成？状态行由哪几部分组成？

【答】 HTTP 响应结构由状态行、响应头和响应数据三部分组成。状态行由 HTTP 版本、状态码和简短描述三部分组成。

16．GET 请求和 POST 请求有什么异同？

【答】 GET 请求主要用来从服务器检索资源，POST 请求主要用来向服务器发送数据。

17．假设客户使用 URL：http://www.hacker.com/myapp/cool/bar.do 请求一个名为“bar.do”的 Servlet，该 Servlet 中使用 sendRedirect("foo/stuff.html");语句将响应重定向，则重定向后新的 URL 为______________________________。

如果在 Servlet 中使用 sendRedirect("/foo/stuff.html");语句将响应重定向，则重定向后新的 URL 为________________________。

【答】 http://www.hacker.com/myapp/foo/stuff.html

http://www.hacker.com/foo/stuff.html

18．通过哪两种方法可以获得 ServletConfig 对象？

【答】 覆盖 Servlet 的 init(ServletConfig config)，然后把容器创建的 ServletConfig 对象保存到一个成员变量中，另一种方法是在 Servlet 中直接使用 getServletConfig()获得 ServletConfig 对象。

19．在部署描述文件中<servlet>元素的子元素<load-on-startup>的功能是什么？使用注解如何指定该元素？

【答】 将<servlet>元素的子元素<load-on-startup>设置为一个正整数，则在应用程序启动时载入该 Servlet，否则在该 Servlet 被请求时才载入。若使用注解实现该功能，需通过@WebServlet 的 loadOnStartup 元素指定。

第3章 JSP 技术基础

本章学习 JSP 各种元素的使用，其中包括脚本元素、隐含变量、指令，还将学习作用域变量、JavaBeans、MVC 设计模式和错误处理方法。

3.1 知识点总结

（1）JSP 脚本有三种：JSP 声明（<%! Java 声明%>）、小脚本（<% Java 代码 %>）和 JSP 表达式（<%= 表达式 %>）。

（2）在 JSP 的脚本中可以使用 9 个隐含变量，它们分别是 application、session、request、response、page、pageContext、out、config 和 exception 等。

（3）在 JSP 中可以使用的指令有三种类型：page 指令、include 指令和 taglib 指令。三种指令的语法格式如下：

```
<%@ page attribute-list %>
<%@ include attribute-list %>
<%@ taglib attribute-list %>
```

page 指令通知容器关于 JSP 页面的总体特性，include 指令实现把另一个文件（HTML、JSP 等）的内容包含到当前页面中，taglib 指令用来指定在 JSP 页面中使用标准标签或自定义标签的前缀与标签库的 URI。

（4）在 JSP 中可使用三种类型的动作。标准动作、JSTL 动作和自定义动作。下面是常用的标准动作：

- <jsp:include>动作用于包含另一个页面输出。
- <jsp:forward>动作将请求转发到指定页面。
- <jsp:useBean>动作用来在 JSP 页面中查找或创建一个 bean 实例。
- <jsp:setProperty>动作用来给 bean 实例的属性赋值。
- <jsp:getProperty>动作用来检索并向输出流中打印 bean 的属性值。

（5）表达式语言 EL，它是一种数据表示语言，例如，${applicationScope.email}输出应用作用域中的 email 属性值。

（6）JSP 页面本质上也是 Servlet，但若仅实现表示逻辑编写 JSP 页面要比编写 Servlet 容易。JSP 页面也在容器中运行，当 JSP 页面第一次被访问时，Web 容器解析 JSP 文件并将其转换成页面实现类。接下来，Web 容器编译该类并将其装入内存，然后与其他 Servlet 一样执行并将其输出结果发送到客户端。

（7）在 JSP 页面中有 4 个作用域对象，它们的类型分别是 ServletContext、HttpSession、

HttpServletRequest 和 PageContext，这 4 个作用域分别称为应用（application）作用域、会话（session）作用域、请求（request）作用域和页面（page）作用域。

（8）在 Java Web 开发中常用 JavaBeans 来存放数据、封装业务逻辑等，在 JSP 页面中使用 JavaBeans 主要是通过三个 JSP 标准动作实现的。

（9）MVC 设计模式称为模型-视图-控制器模式。模型用 JavaBeans 实现，视图用 JSP 实现，控制器用 Servlet 或过滤器实现。

（10）在 Java Web 开发中有多种错误处理方法：声明式错误处理和编程式错误处理。

3.2 实训任务

【实训目标】

学会 JSP 页面各种元素的使用，理解页面实现类，使用包含指令和包含动作，掌握 JavaBeans 和作用域概念。

任务 1　学习 JSP 页面如何转换成页面实现类

本任务学习 JSP 页面元素如何转换成页面实现类。

（1）在 Eclipse 中新建一个 jsp-demo 动态 Web 项目，在项目的 WebContent 目录中新建 today-date.jsp 页面，代码如下：

```
<%@page import="java.time.LocalDate" %>
<%@page contentType="text/html;charset=UTF-8" %>
<html>
<head><title>显示日期</title></head>
<%
  LocalDate today  = LocalDate.now();
%>
<body>
今天的日期是：<%=today%>
</body>
</html>
```

（2）启动浏览器，访问 today-date.jsp 页面，显示结果如图 3-1 所示。

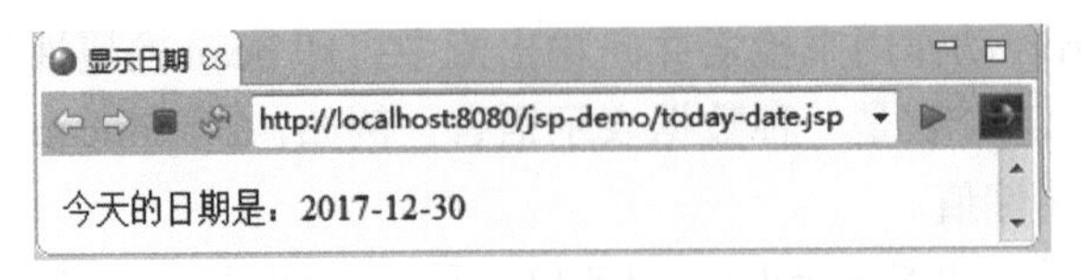

图 3-1　today-date.jsp 页面运行结果

（3）假设将 jsp-demo 项目部署到 Tomcat 服务器中。打开 Tomcat 安装目录的 \work\Catalina\localhost\jsp-demo\org\apache\jsp 目录中的 today-date_jsp.java 文件，查看隐含对象是如何定义的，完成下面的填空。

JSP 页面转换后定义的类名为（   ）。
该类继承了哪个类？（   ）。
隐含对象 request 的类型为（   ）。
隐含对象 response 的类型为（   ）。
隐含对象 pageContext 的类型为（   ）。
隐含对象 session 的类型为（   ）。
隐含对象 application 的类型为（   ）。
隐含对象 config 的类型为（   ）。
隐含对象 out 的类型为（   ）。
隐含对象 page 的类型为（   ）。
是作用域对象的包括（   ）。
（4）在页面实现类中找到 today 变量的声明位置。

任务 2　学习使用包含指令和包含动作实现页面布局

本任务包括 4 个文件 header.jsp、body.jsp、footer.jsp 和 main.jsp。在 main.jsp 文件中使用 include 指令包含其他页面实现页面布局。

（1）在 jsp-demo 项目的 WebContent 目录中创建 header.jsp 文件，它实现页面页眉部分。

```
<%@ page contentType="text/html; charset=UTF-8"
    pageEncoding="UTF-8"%>
<p style="color:#ff0000;">
新世纪 网上书店</p>
<hr />
```

（2）在 WebContent 目录中创建 body.jsp 文件，它实现页面主体部分。

```
<%@ page contentType="text/html; charset=UTF-8"
    pageEncoding="UTF-8"%>
<table border=0 cellspacing=5 cellpadding=5 width="100%">
  <tr><td>
    <p align="center"><b>欢迎光临新世纪网上书店！</b></p>
   </td>
  </tr>
  <tr>
   <td>
    <p align="center"><b><a href="/bookstore/catalog">开始购买图书</a></b>
   </td>
  </tr>
</table>
```

（3）在 WebContent 目录中创建 footer.jsp 文件，它实现页面的页脚部分。

```
<%@ page contentType="text/html; charset=UTF-8"
```

```
    pageEncoding="UTF-8"%>
<hr />
<center>版权所有 &copy; 2018 新世纪网上书店, Inc.</center>
```

（4）在 WebContent 目录中创建 main.jsp 文件，它是主页面。其中使用 include 指令包含其他部分的文件。

```
<%@ page contentType="text/html; charset=UTF-8"
        pageEncoding="UTF-8"%>
<html>
<head><title>新世纪在线书店</title></head>
<body>
<%@ include file="header.jsp" %>
<%@ include file="body.jsp" %>
<%@ include file="footer.jsp" %>
</body>
</html>
```

（5）在浏览器中访问 main.jsp 文件，结果如图 3-2 所示。

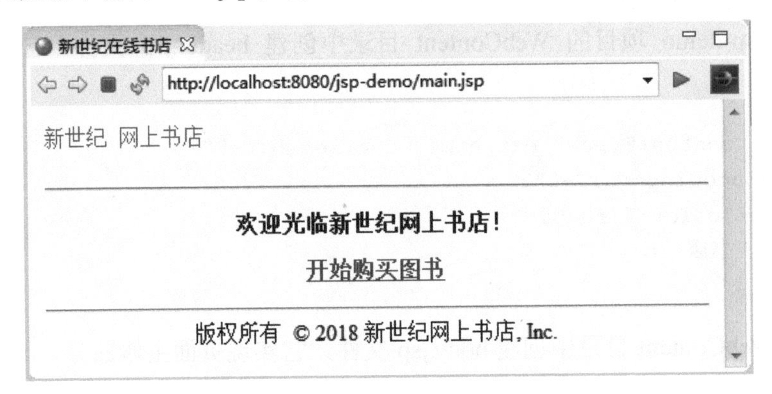

图 3-2 main.jsp 页面运行结果

（6）修改上面程序，使用<jsp:include>动作实现页面布局。

任务 3 学习在 Servlet 和 JSP 页面中使用 JavaBeans 对象

本任务在 JSP 页面 inputProduct.jsp 中输入商品信息，将请求转到 ProductServlet，创建一个 Product 对象，然后将请求转发到 dispalyProduct.jsp 页面，在其中使用<jsp:getProperty>动作输出信息。

（1）在 jsp-demo 项目的 com.demo 包中创建 Product 类，它是 JavaBeans 类，用于存放商品信息。

```
package com.demo;
public class Product {
    private String id;          //商品号
    private String name;        //商品名
```

```
    private double price;                //价格
    public Product() {
        super();
    }
    public Product(String id, String name, double price) {
        super();
        this.id = id;
        this.name = name;
        this.price = price;
    }
    public String getId() {
        return id;
    }
    public void setId(String id) {
        this.id = id;
    }
    public String getName() {
        return name;
    }
    public void setName(String name) {
        this.name = name;
    }
    public double getPrice() {
        return price;
    }
    public void setPrice(double price) {
        this.price = price;
    }
}
```

（2）在 WebContent 目录中创建 input-product.jsp 页面，用于输入商品信息，代码如下：

```
<%@ page contentType="text/html; charset=UTF-8" %>
<html>
<head> <title>输入商品信息</title></head>
<body>
<h4>输入商品信息</h4>
<form action = "product-servlet" method = "post">
    <label>商品号：<input type="text" name="id" ></label><br>
    <label>商品名：<input type="text" name="name"></label><br>
    <label>价格：<input type="text" name="price" ></label><br>
    <label><input type="submit" value="确定" >
          <input type="reset" value="重置" ></label>
</form>
</body>
</html>
```

（3）在 src 的 com.demo 包中创建 ProductServlet，在其中检索用户提交的商品信息，构建 Product 对象并存储到请求作用域中，将请求转发到 display-product.jsp 页面。

```
package com.demo;
import javax.servlet.*;
import javax.servlet.http.*;
import javax.servlet.annotation.WebServlet;
@WebServlet("/product-servlet")
public class ProductServlet extends HttpServlet {
   public void doPost(HttpServletRequest request,
                  HttpServletResponse response)
            throws java.io.IOException,ServletException {
      String id = request.getParameter("id");
      String name = request.getParameter("name");
      //修改请求参数的字符编码
      name = new String(name.getBytes("iso-8859-1"),"UTF-8");
      double price = Double.parseDouble(request.getParameter("price"));
      Product product = new Product(id,name,price);
      request.setAttribute("product", product);
      RequestDispatcher rd =
         request.getRequestDispatcher("/display-product.jsp");
      rd.forward(request,response);
   }
}
```

（4）在 WebContent 目录中创建 display-product.jsp 页面，用 JavaBeans 标准动作显示请求作用域的商品信息，代码如下：

```
<%@ page contentType="text/html; charset=UTF-8"
         pageEncoding="UTF-8"%>
<jsp:useBean id="product" class="com.demo.Product" scope="request" />
<html><head><title>商品信息</title></head>
<body>
   <table border="1">
   <caption>商品信息如下</caption>
   <tr>
   <td>商品号:</td>
   <td><jsp:getProperty name="product" property="id"/></td>
   </tr>
   <tr>
   <td>商品名:</td>
   <td><jsp:getProperty name="product" property="name"/></td>
   </tr>
   <tr>
   <td>价格:</td>
   <td><jsp:getProperty name="product" property="price"/></td>
```

```
    </tr>
    </table>
</body></html>
```

（5）访问 input-product.jsp 页面，在其中输入商品号 202，商品名“笔记本电脑”，价格输入 4200，最后显示的 display-product.jsp 页面如图 3-3 所示。

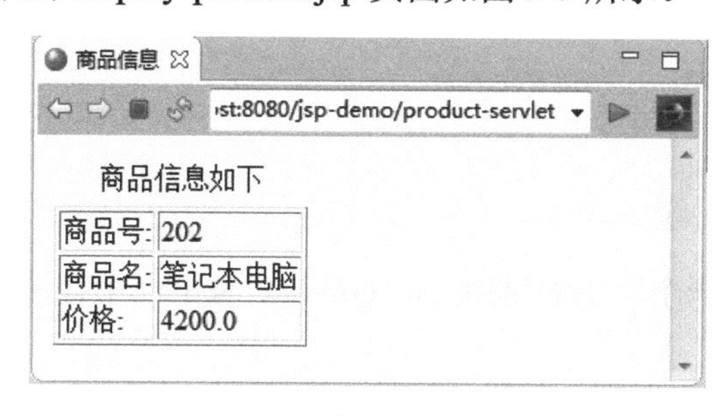

图 3-3　displayProduct.jsp 页面运行结果

3.3　思考与练习答案

1．下面左边一栏是 JSP 元素类型，右边是对应名称，请连线。

```
<% Float one = new Float(88.88) %>                  指令
<%! int y = 3; %>                                   EL表达式
<%@ page import="java.util.*" %>                    声明
<jsp:include page="foo.jsp" />                      小脚本
<%=pageContext.getAttribute("foo") %>               动作
email:${applicationScope.mail}                      表达式
```

【答】

```
<% Float one = new Float(88.88) %>                  小脚本
<%! int y = 3; %>                                   声明
<%@ page import="java.util.*" %>                    指令
<jsp:include page="foo.jsp" />                      动作
<%=pageContext.getAttribute("foo") %>               表达式
email:${applicationScope.mail}                      EL表达式
```

2．执行下面 JSP 代码输出结果是什么？（　　）

```
<% int x = 3; %>
<%! int x = 5; %>
<%! int y = 6; %>
x与y的和是：<%=x+y%>
```

A．x 与 y 的和是：8　　　　B．x 与 y 的和是：9

C．x 与 y 的和是：11　　　　D．发生错误

【答】 B。变量 x 被声明两次：一次是作为类的成员变量，因为使用了<%! int x = 5; %>语句，另一次是在_jspService()中声明的局部变量，因为使用的代码是<% int x = 3; %>。

3．下面 JSP 代码有什么错误？

```
<!% int i = 5; %>
<!% int getI() { return i; } %>
```

【答】 正确声明应为：

```
<%! int i = 5; %>
<%! int getI() { return i; } %>
```

4．假设 myObj 是一个对象的引用，m1()是该对象上一个合法的方法。下面的 JSP 结构哪个是合法的？（　　）

A．<% myObj.m1() %>

B．<%=myObj.m1() %>

C．<% =myObj.m1() %>

D．<% =myObj.m1(); %>

【答】 B 是合法的。注意，JSP 表达式中百分号和等号之间不能有空格。

5．说明下面代码是否是合法的 JSP 结构？（　　）

A．<%=myObj.m1(); %>

B．<% int x=4, y=5; %>
<%=x=y%>

C．<% myObj.m1(); %>

【答】 B、C。A 非法，等号表明它是 JSP 表达式，但表达式不能以分号结束。B 合法，<%=x=y%>将被转换成：

```
out.print(x=y);  //y的值5赋给x并将其打印输出
```

C 是合法的小脚本，因为在方法调用语句的后面有分号。即使方法返回一个值，它也是合法的，返回值将被忽略。

6．下面哪个 page 指令是合法的？（　　）

A．<% page language="java" %>

B．<%! page language="java" %>

C．<%@ page language="java" %>

D．<%@ Page language="java" %>

【答】 C。

7．下面的 page 指令哪个是合法的？（　　）

A．<%@ page import="java.util.* java.text.* " %>

B．<%@ page import="java.util.*", "java.text.* " %>

C．<%@ page buffer="8kb", session="false" %>

D．<%@ page import="com.manning.servlets.* " %>
<%@ page session="true" %>
<%@ page import="java.text.*" %>

E．<%@ page bgcolor="navy" %>

F．<%@ page buffer="true" %>

G. <%@ Page language='java' %>

【答】 D。选项 A 中 import 的属性值中应该有逗号。选项 B 的 import 属性值应该在一个字符串中指定。选项 C，属性之间不允许有逗号。选项 E，bgcolor 不是合法的属性名。选项 F，true 不是 buffer 属性合法值。选项 G，指令名、属性名和值都是大小写敏感的，Page 应为 page。

8. 下面哪些是合法的 JSP 隐含变量？（　　）

A. stream　　B. context

C. exception　　D. listener

E. application

【答】 C，E。

9. 下面是 JSP 生命周期的各个阶段，正确的顺序应该是（　　）。

① 调用_jspService()

② 把 JSP 页面转换为 Servlet 源代码

③ 编译 Servlet 源代码

④ 调用 jspInit()

⑤ 调用 jspDestroy()

⑥ 实例化 Servlet 对象

【答】 ②③⑥④①⑤。

10. 有下面 JSP 页面，给出该页面每一行在转换的 Servlet 中的代码。

```
<html><body>
  <% int count = 0 ;%>
  The page count is now:
  <%= ++count %>
</body></html>
```

【答】 转换结果如下：

```
out.write("<html><body>\r\n");
int count = 0 ;
out.write("  The page count is now:\r\n");
out.print( ++count );
out.write("</body></html>\r\n");
```

11. 有下列名为 counter.jsp 的页面，其中有三处错误。执行该页面，从浏览器输出中找出错误，修改错误直到页面执行正确。

```
<%@ Page contentType="text/html;charset=UTF-8" %>
<html><body>
  <%! int count = 0 %>
  <% count++; %>
  该页面已被访问 <%= count ;%> 次。
</body></html>
```

【答】

```
Page改为page                    //page的p应为小写
<%! int count = 0 %>            //声明缺少分号
<% count++; %>                  //去掉分号
```

12. 以下关于 JSP 生命周期的方法，哪个是正确的？（　　）

A. 只有 jspInit()可以被覆盖

B. 只有 jspdestroy()可以被覆盖

C. jspInit()和 jspdestroy()都可以被覆盖

D. jspInit()、_jspService()和 jspdestroy()都可以被覆盖

【答】 C。_jspService()方法不能被覆盖。

13. 下面哪个 JSP 标签可以在请求时把另一个 JSP 页面的结果包含到当前页面中？（　　）

A. <%@ page import %>　　B. <jsp:include>

C. <jsp: plugin>　　D. <%@ include %>

【答】 B。<jsp:include>动作实现动态包含，<%@ include %>实现静态包含。

14. 在一个 JSP 页面中把请求转发到 view.jsp 页面，下面哪个是正确的？（　　）

A. <jsp:forward file="view.jsp" />　　B. <jsp:forward page="view.jsp" />

C. <jsp:dispatch file="view.jsp" />　　D. <jsp:dispatch page="view.jsp" />

【答】 B。<jsp:forward>动作用于实现请求转发，它只有一个 page 属性。

15. 当 Servlet 处理请求发生异常时，使用下面哪个方法可向浏览器发送错误消息？（　　）

A. HttpServlet 的 sendError(int errorCode)方法

B. HttpServletRequest 的 sendError(int errorCode)方法

C. HttpServletResponse 的 sendError(int errorCode)方法

D. HttpServletResponset 的 sendError(String errorMsg)方法

【答】 C。

16. 在部署描述文件中<exception-type>元素包含在哪个元素中？（　　）

A. <error>　　B. <error-mapping>

C. <error-page>　　D. <exception-page>

【答】 C。<error-page>元素包含<error-code>、<exeption-type>和<location>元素。

17. MVC 设计模式不包括下面的（　　）。

A. 模型　　B. 视图

C. 控制器　　D. 数据库

【答】 D。其中，M 表示模型、V 表示视图、C 表示控制器。

18. 什么是 MVC 设计模式？简述实现 MVC 设计模式的一般步骤。

【答】 MVC 模式称为模型-视图-控制器模式。该模式将 Web 应用的组件分为模型、视图和控制器，每种组件完成各自的任务。该模型将业务逻辑和数据访问从表示层分离出来。实现 MVC 模式的一般步骤：① 定义 JavaBeans 表示数据；② 使用 Servlet 处理请求；

③ 将结果存储在作用域对象中；④ 将请求转发到 JSP 页面；⑤ 最后在 JSP 页面中从 JavaBeans 中取出数据。

19．简述声明式错误处理和编程式错误处理。

【答】 声明式错误处理可以使用 page 指令的 errorPage 属性指定一个错误处理页面，通过 page 指令的 isErrorPage 属性指定页面是错误处理页面。此外，还可以在 web.xml 文件中为整个 Web 应用配置错误处理页面。

编程式错误处理是指在 Servlet 中将代码包含在 try-catch 块中，在异常发生时通过 catch 块将错误消息发送给浏览器。

第4章 会话与文件管理

本章学习会话的基本概念和实现方法，包括 HttpSession 对象、Cookie、URL 重写及隐藏表单域；学习文件上传与下载技术。

4.1 知识点总结

（1）HTTP 协议是一种无状态的协议，在 Web 应用中通常使用会话维护状态。会话是客户与服务器之间的不间断的请求响应序列。

（2）容器通过 HttpSession 接口抽象会话的概念，通过会话机制可以实现购物车应用。

（3）使用 HttpServletRequest 请求对象的下面两个方法可以创建或返回 HttpSession 对象：

```
public HttpSession getSession(boolean create)
public HttpSession getSession()
```

HttpSession 接口中定义的 getServletContext()返回该会话所属的 ServletContext 对象，getId()返回为该会话指定的唯一标识符，invalidate()使会话对象失效。

（4）HttpSession 对象是作用域对象，在其上调用 setAttribute ()存储一个属性，在其他资源中使用 getAttribute()返回属性值。

（5）Cookie 也是实现会话管理的一种技术，Cookie 是客户访问 Web 服务器时，服务器在客户硬盘上存放的一小段文本信息。使用 Cookie 类的构造方法创建 Cookie 对象。

（6）使用 Cookie 类的 setValue()设置 Cookie 的值，使用 getName()和 getValue()返回 Cookie 名和 Cookie 值，用 setMaxAge()设置 Cookie 在浏览器中的最长存活时间，单位为秒。

（7）要将 Cookie 对象发送到客户端，需要调用响应对象的 addCookie()将 Cookie 添加到 Set-Cookie 响应头。要从客户端读入 Cookie，应该调用请求对象的 getCookies()，该方法返回一个 Cookie 对象的数组，对该数组迭代就可得到要找的 Cookie。

（8）URL 重写是将会话 ID 自动作为请求行的一部分，它使用响应对象的 encodeURL()方法或 encodeRedirectURL()方法实现。还可以使用隐藏的表单域向服务器传递数据，它是通过<input type="hidden">输入域实现的。

（9）文件上传可以使用 Servlet 规范提供的 Part 对象，在客户端通过文件域指定上传的文件，在服务器端通过请求对象的 getPart()方法返回 Part 对象，从中检索文件信息。文件上传还可以使用 Apache 的 Commons FileUpload 组件。

（10）文件下载有多种方法，最简单的是使用超链接指定供下载的文件，也可以通过编程方式提供下载，这不但可以提供 Web 应用外的文件下载，还可以限制下载的用户。

4.2 实训任务

【实训目标】

学会 HttpSession 会话对象的使用，学会使用 Part 对象上传文件，掌握如何编写文件下载的程序。

任务 1　学习 HttpSession 会话对象的使用

本任务编写一个 SessionServlet，其中创建一个 HttpSession 对象，在其上存储一个 LocalTime 对象，将请求转发到 show-session.jsp 页面，在页面中显示会话信息。

（1）在 Eclipse 中，新建一个名为 session-demo 的动态 Web 项目，在项目的 src 目录中新建 com.demo 包。

（2）在 com.demo 包中新建 SessionServlet，代码如下：

```
package com.demo;
import java.io.*;
import javax.servlet.*;
import javax.servlet.http.*;
import java.time.LocalTime;
import javax.servlet.annotation.WebServlet;
@WebServlet("/show-session")
public class SessionServlet extends HttpServlet{
   public void doGet(HttpServletRequest request,
                HttpServletResponse response)
                 throws ServletException, IOException {
   HttpSession session = request.getSession(true);
   LocalTime time = LocalTime.now();
   session.setAttribute("time",time);
   RequestDispatcher rd =
      request.getRequestDispatcher("show-session.jsp");
   rd.forward(request, response);
   }
}
```

（3）在 WebContent 目录中创建 show-session.jsp 页面，代码如下：

```
<%@ page language="java" contentType="text/html; charset=UTF-8"
   pageEncoding="UTF-8"%>
<html>
<head>
<title>会话信息</title>
</head>
<%
```

```
    out.println("会话状态="+(session.isNew()?"新会话":"旧会话")+"<br>");
    out.println("会话ID="+session.getId()+"<br>");
    out.println("创建时间="+session.getCreationTime()+"<br>");
    out.println("最近访问时间="+session.getLastAccessedTime()+"<br>");
    out.println("最大不活动时间="+session.getMaxInactiveInterval()+"<br>");
    out.println("Cookie="+request.getHeader("Cookie")+"<br>");
    out.println("现在时间="+session.getAttribute("time")+"<br>");
%>
</body>
</html>
```

（4）访问 SessonServlet，显示结果如图 4-1 所示。

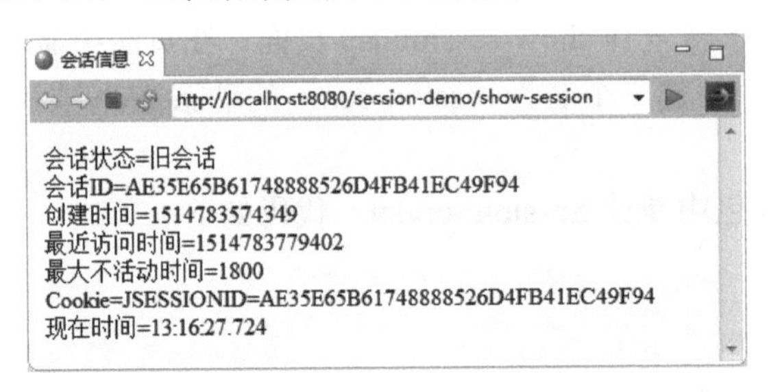

图 4-1　show-session.jsp 页面运行结果

任务 2　学习使用会话实现猜数游戏

本任务编写一个 Servlet 实现猜数游戏。使用 HttpSession 对象存储随机数，当使用 GET 请求访问它时，生成一个 0～100 之间的随机整数，将其作为一个属性存储到用户的会话对象中，同时提供一个表单供用户输入猜测的数。如果该 Servlet 接收到一个 POST 请求，它将比较用户猜的数和随机生成的数是否相等，若相等在响应页面中给出信息，否则，应该告诉用户猜的数是大还是小，并允许用户重新猜，具体步骤如下：

（1）在 session-demo 项目 com.demo 包中新建 GuessNumberServlet，代码如下：

```
package com.demo;
import java.io.*;
import javax.servlet.*;
import javax.servlet.http.*;
import javax.servlet.annotation.WebServlet;

@WebServlet("/guess-number")
public class GuessNumberServlet extends HttpServlet{
   public void doGet(HttpServletRequest request,
                     HttpServletResponse response)
                     throws ServletException, IOException {
   int magic = (int)(Math.random()*101);
   HttpSession session = request.getSession();
   //将随机生成的数存储到会话对象中
```

```
        session.setAttribute("num",new Integer(magic));

        response.setContentType("text/html;charset=utf-8");
        PrintWriter out = response.getWriter();
        out.println("<html><body>");
        out.println("我想出一个0到100之间的数，请你猜！");
        out.println("<form action='guess-number'
                    method='post'>");
        out.println("<input type='text' name='guess' />");
        out.println("<input type='submit' value='确定'/>");
        out.println("</form>");
        out.println("</body></html>");
        }

        public void doPost(HttpServletRequest request,
                           HttpServletResponse response)
                     throws ServletException, IOException {
        //得到用户猜的数
        int guess = Integer.parseInt(request.getParameter("guess"));
        HttpSession session = request.getSession();
        //从会话对象中取出随机生成的数
        int magic = (Integer)session.getAttribute("num");

        response.setContentType("text/html;charset=utf-8");
        PrintWriter out = response.getWriter();
        out.println("<html><body>");
        if(guess==magic){
            session.invalidate(); //销毁会话对象
            out.println("祝贺你，答对了！");
            out.println("<a href = 'guess-number'>
                      再猜一次。</a>");
        }else if(guess>magic){
            out.println("太大了！请重猜！");
        }else{
            out.println("太小了！请重猜！");
        }
        out.println("<form action='guess-number' method='post'>");
        out.println("<input type='text' name='guess' />");
        out.println("<input type='submit' value='确定'/>");
        out.println("</form>");
        out.println("</body></html>");
        }
}
```

程序中当用户猜对时调用了会话对象的 invalidate()使会话对象失效，再通过链接发送一个 GET 请求允许用户再继续猜。

（2）访问 GuessNumberServlet，程序运行结果如图 4-2 和图 4-3 所示。

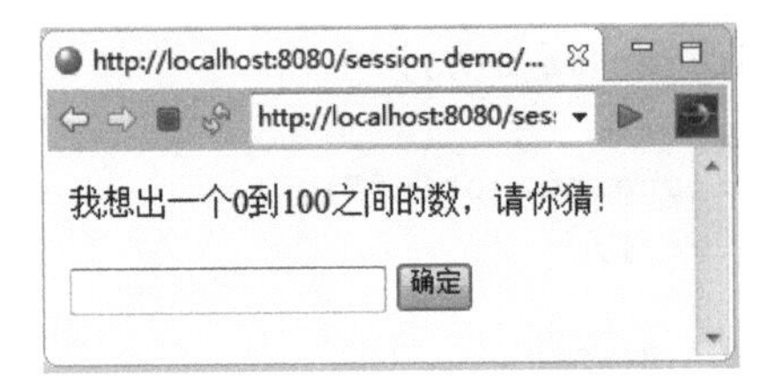

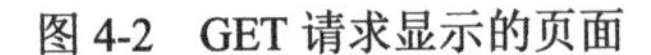
图 4-2　GET 请求显示的页面

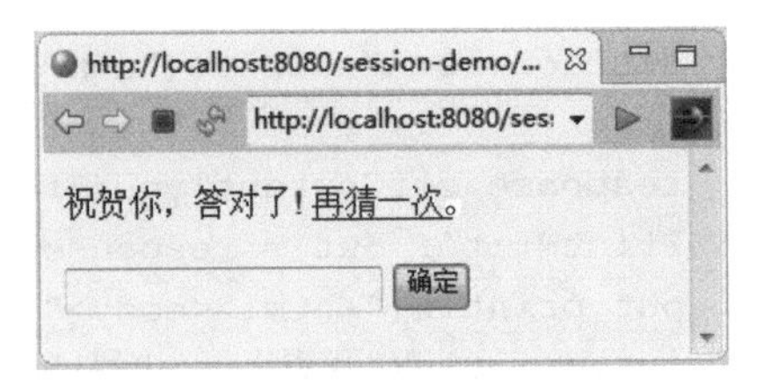

图 4-3　猜正确的页面

任务 3　学习使用 Part 对象上传文件

本任务学习使用 Part 对象实现文件上传。假设用户需要上传商品信息，需要指定商品号、商品名、价格和商品照片，照片作为图像文件上传到服务器并保存到特定目录中。具体步骤如下。

（1）在 session-demo 项目的 WebContent 目录中创建 product-upload.jsp 页面，它用来接收用户输入的商品信息和商品图片文件，代码如下：

```
<%@ page contentType="text/html; charset=UTF-8"
   pageEncoding="UTF-8"%>
<html><head><title>商品上传</title></head>
<body>
<p>商品上传</p>
<form action="product-upload" enctype="multipart/form-data"
      method="post">
   <label>商品号：<input type="text" name="id" ></label><br>
   <label>商品名：<input type="text" name="name"></label><br>
   <label>价格：<input type="text" name="price" ></label><br>
   <label>图片：<input type="file" name="photo" ></label><br>
   <label><input type="submit" value="提交"/></label>
</form>
</body>
</html>
```

（2）在 src 目录 com.demo 包中编写 ProductUploadServlet 类，它实现文件上传功能，代码如下：

```
package com.demo;
import java.io.*;
import javax.servlet.ServletException;
import javax.servlet.annotation.MultipartConfig;
import javax.servlet.annotation.WebServlet;
import javax.servlet.http.*;

@WebServlet(urlPatterns = { "/product-upload" })
@MultipartConfig
public class ProductUploadServlet extends HttpServlet {
```

```
    public void doPost(HttpServletRequest request,
            HttpServletResponse response)
            throws ServletException,IOException {
        String id = request.getParameter("id");
        String name = request.getParameter("name");
        name = new String(name.getBytes("iso-8859-1"),"UTF-8");
        String price = request.getParameter("price");
        //Part对象用于接收上传文件
        Part part = request.getPart("photo");
        //将文件存储到images目录中
        String path = this.getServletContext().getRealPath("/images");
        File f = new File(path);
        if( !f.exists()){  //若目录不存在，则创建目录
          f.mkdirs();
        }
        String header = part.getHeader("content-disposition");
        //得到文件扩展名
        String fname = header.substring(
          header.lastIndexOf("."),header.length()-1);
        part.write(path + "\\"+ id + fname);
        //返回客户信息
        response.setContentType("text/html;charset=UTF-8");
        PrintWriter out = response.getWriter();
        out.print("商品号: " + id);
        out.print("<br/>商品名: " + name);
        out.print("<br/>价格: " + price);
        out.print("<br/>图片文件: " + id + fname);
        out.print("<br/>文件大小: " + part.getSize());
        out.print("<br/><img src='images\\"+ id + fname+"' />");
    }
}
```

该 Servlet 将上传的文件存储到 Web 应用的 images 目录中，然后显示上传文件的信息和上传的图片，其中图片名使用商品号作为主文件名。

（3）访问 product-upload.jsp 页面，在页面中输入商品信息并选择上传的图片文件，如图 4-4 所示。

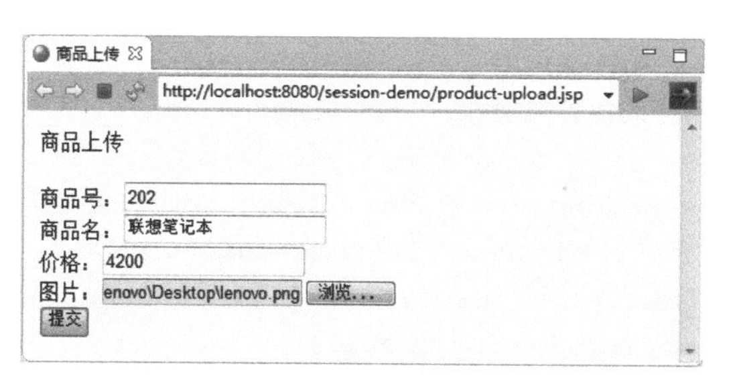

图 4-4　product-upload.jsp 页面运行结果

单击“提交”按钮，显示如图 4-5 所示的文件上传成功页面。查看 images 目录，看文件是否保存在该目录中。在实际应用中，上传来的商品信息（包括图片）通常保存到数据库中。

图 4-5　文件上传成功页面

任务 4　学习文件下载

本任务开发一个简单的实现文件下载的 Servlet，要求被下载的文件存放在 Web 应用程序外的任何目录中（假设 D:\video\dance.mp4 文件），用户通过单击下载页面的链接下载文件。具体步骤如下。

（1）在 session-demo 项目的 com.demo 包中创建 FileDownloadServlet 类，该类实现文件下载功能，代码如下：

```
package com.demo;
import java.io.*;
import javax.servlet.*;
import javax.servlet.annotation.WebServlet;
import javax.servlet.http.*;
@WebServlet(urlPatterns = {"/file-download"})
public class FileDownloadServlet extends HttpServlet {
    public void doGet(HttpServletRequest request,
                HttpServletResponse response)
              throws ServletException,IOException {
        File file = new File("D:\\video\\dance.mp4");
        if (file.exists()) {
            //设置响应的内容类型为MP4视频文件
            response.setContentType("video/mp4");
            response.addHeader("Content-Disposition",
                   "attachment; filename=dance.mp4");
            byte[] buffer = new byte[1024];
            FileInputStream fis = null;
            BufferedInputStream bis = null;
            try {
```

```
            fis = new FileInputStream(file);
            bis = new BufferedInputStream(fis);
            OutputStream os = response.getOutputStream();
            int i = bis.read(buffer);
            while (i != -1) {
               os.write(buffer, 0, i);
               i = bis.read(buffer);
            }
         } catch (IOException ex) {
            System.out.println (ex.toString());
         } finally {
            if (bis != null) {
               bis.close();
            }
            if (fis != null) {
               fis.close();
            }
         }
      }else{
         response.setContentType("text/html;charset=UTF-8");
         PrintWriter out = response.getWriter();
         out.println("文件不存在！");
      }
   }
}
```

（2）在 WebContent 中创建 download.jsp 页面，其中提供一个文件下载链接，单击该链接下载文件。

```
<%@ page contentType="text/html; charset=UTF-8"
        pageEncoding="UTF-8"%>
<html>
<head><title>文件下载</title></head>
<body>
  单击下面链接下载dance.mp4视频文件。<br>
  <a href="file-download">dance.mp4 </a>
</body>
</html>
```

（3）访问 download.jsp 页面，在如图 4-6 所示的页面中单击文件下载链接，浏览器将打开“文件下载”对话框，可以直接打开下载的文件或将其保存到计算机中。

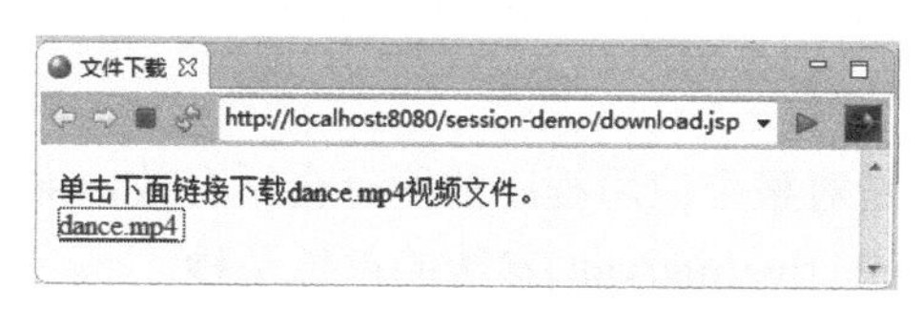

图 4-6　文件下载页面

4.3 思考与练习答案

1．下面哪个接口或类检索与用户相关的会话对象？（　　）

A．HttpServletResponse　　B．ServletConfig

C．ServletContext　　D．HttpServletRequest

【答】 D。会话对象是通过请求对象检索的。

2．给定 request 是一个 HttpServletRequest 对象，下面哪两行代码会在不存在会话的情况下创建一个会话？（　　）

A．request.getSession()　　B．request. getSession(true)

C．request.getSession(false)　　D．request.createSession()

【答】 A，B。

3．关于会话属性，下面哪两个说法是正确的？（　　）

A．HttpSession 的 getAttribute(String name)返回类型为 Object

B．HttpSession 的 getAttribute(String name)返回类型为 String

C．在一个 HttpSession 上调用 setAttribute("keyA","valueB")时，如果这个会话中对应键 keyA 已经有一个值，就会导致抛出一个异常

D．在一个 HttpSession 上调用 setAttribute("keyA","valueB")时，如果这个会话中对应键 keyA 已经有一个值，则这个属性的原先值会被 valueB 替换

【答】 A，D。

4．调用下面哪个方法将使会话失效？（　　）

A．session.invalidate();　　B．session.close();

C．session.destroy();　　D．session.end();

【答】 A。

5．是否能够通过客户机的 IP 地址实现会话跟踪？

【答】 不能。因为在一个局域网中不同机器的 IP 地址相同，所以不能唯一标识客户。

6．如何理解会话失效与超时？如何通过程序设置最大失效时间？如何通过 Web 应用程序部署描述文件设置最大超时时间？二者有什么区别？

【答】 如果客户在指定时间内没有访问服务器，则该会话超时。对超时的会话对象，服务器使其失效。通过会话对象的 setMaxInactiveInterval()设置会话最大超时时间。

web.xml 文件使用<session-config>元素的子元素<session-timeout>设置最大超时时间，如下所示：

```
<session-config>
    <session-timeout>20</session-timeout>
</session-config>
```

这里的最大超时时间是对整个应用程序的所有会话有效，<session-timeout>元素指定的时间单位是分钟。setMaxInactiveInterval()参数的单位是秒。

7．关于 HttpSession 对象，下面哪两个说法是正确的？（　　）

A．会话的超时时间设置为-1，则会话永远不会到期

B．一旦用户关闭所有浏览器窗口，会话就会立即失效

C．在部署描述文件中定义的超时时间之后，会话会失效

D．可以调用 HttpSession 的 invalidateSession()使会话失效

【答】 A，C。

8．给定一个会话对象 s，有两个属性，属性名分别为 myAttr1 和 myAttr2，下面哪行（段）代码会把这两个属性从会话中删除？（　　）

A．s.removeAllValues();

B．s.removeAllAttributes();

C．
```
s.removeAttribute("myAttr1");
s.removeAttribute("myAttr2");
```

D．
```
s.getAttribute("myAttr1",UNBIND);
s.getAttribute("myAttr2",UNBIND);
```

【答】 C。

9．将下面插入到 doGet()中可以正确记录用户的 GET 请求的数量的代码片段是（　　）。

A．
```
HttpSession session = request.getSession();
int count = session.getAttribute("count");
session.setAttribute("count", count++);
```

B．
```
HttpSession session = request.getSession();
int count = (int) session.getAttribute("count");
session.setAttribute("count", count++);
```

C．
```
HttpSession session = request.getSession();
int count = ((Integer) session.getAttribute("count")).intValue();
session.setAttribute("count", count++);
```

D．
```
HttpSession session = request.getSession();
int count = ((Integer) session.getAttribute("count")).intValue();
session.setAttribute("count", new Integer(++count));
```

【答】 C、D。

10．以下能从请求对象中获取名为"ORA-UID"的 Cookie 的值的代码是（　　）。

A．String value = request.getCookie("ORA-UID");

B．String value = request.getHeader("ORA-UID");

C．
```
Cookie[] cookies = request.getCookies();
String cName=null;
String value = null;
if(cookies !=null){
    for(int i = 0 ;i<cookies.length; i++){
        cName = cookies[i].getName();
        if(cName!=null && cName.equalsIgnoreCase("ORA_UID")){
            value = cookies[i].getValue();
        }
    }
}
```

D. Cookie[] cookies = request.getCookies();

```
if(cookies.length >0){
    String value = cookies[0].getValue();
}
```

【答】 C。

11. 上传文件使用什么表单域？表单有什么特殊要求？

【答】表单的<form>标签应指定 enctype 属性，它的值应为“multipart/form-data”，method 属性应指定为“post”，表单应该提供一个<input type="file">的输入域用于指定上传的文件。

12. 上传文件如何从 Part 对象中检索上传文件的文件名？

【答】 首先调用 part.getHeader("content-disposition")方法，返回 Content-Disposition 头值串，从中就可以解析出上传来的文件名。

13. 能将服务器上 Web 应用程序外的文件提供给客户下载吗？

【答】 可以。使用 File 类创建文件对象，然后创建 FileInputStream 对象，通过响应对象得到 OutputStream 对象，调用 write()方法将文件写到客户端。当然要设置下载的文件 MIME 类型。

第5章 JDBC访问数据库

本章学习使用 JDBC 访问数据库的方法，首先了解 MySQL 数据库，然后学习 JDBC 访问数据库的基本步骤，最后学习数据源概念和 DAO 设计模式。

5.1 知识点总结

（1）MySQL 数据库服务器的下载、安装和使用。字符界面工具和图形界面工具的使用。如何创建 MySQL 数据库和表等。

（2）Java 程序使用 JDBC 访问数据库，JDBC 是 Java 程序访问数据库的 API，其基本功能包括：建立与数据库的连接，发送 SQL 语句，处理数据库操作结果。

（3）JDBC API 由 java.sql 和 javax.sql 两个包组成，其中定义了若干接口和类。

（4）数据库连接基本步骤：① 加载驱动程序。② 使用 DriverManager 类的 getConnection() 建立数据库 Connection 连接对象。③ 通过 Connection 对象创建语句对象。④ 执行 SQL 语句。⑤ 用 close()关闭使用完的对象。

下面代码可创建连接对象，连接到 MySQL 数据库。

```
Connection dbconn = null;
String driver = "com.mysql.jdbc.Driver";
String dburl = "jdbc:mysql://127.0.0.1:3306/webstore?useSSL=true";
String username = "root";
String password = "123456";
try{
   Class.forName(driver); //加载驱动程序
   //创建连接对象
   dbconn = DriverManager.getConnection(
                        dburl,username,password);
}catch(ClassNotFoundException e1){
   System.out.println(e1);
}catch(SQLException e2){}
```

（5）为了提高数据库访问效率，JDBC 提供了一种更好的方法建立数据库连接对象，即使用连接池和数据源的技术。数据源是通过 javax.sql.DataSource 接口对象实现的，通过它可以获得数据库连接，因此它是对 DriverManager 工具的一个替代。

Web 应用程序在启动时事先建立若干连接存放到连接池中，当程序执行需要一个连接对象时就使用数据源对象的 getConnection()从连接池中取出一个建立对象，使用完后当关闭连接对象时，系统并不将连接对象立即关闭，而是将该连接对象返回给连接池供其他请求使用。

（6）Java 采用 Java 命名与目录接口（Java Naming and Directory Interface，JNDI）技术来获得 DataSource 对象的引用。在 Tomcat 中建立局部数据源是在 Web 应用程序的 META-INF 目录中建立一个 context.xml 文件，内容如下：

```
<?xml version="1.0" encoding="utf-8"?>
<Context reloadable = "true">
<Resource
    name="jdbc/sampleDS"
    type="javax.sql.DataSource"
    maxActive="4"
    maxIdle="2"
    username="root"
    maxWait="5000"
    driverClassName="com.mysql.jdbc.Driver"
    password="123456"
    url="jdbc:mysql://127.0.0.1:3306/webstore?useSSL=true"/>
</Context>
```

配置了数据源后，就可以使用 javax.naming.Context 接口的 lookup()查找 JNDI 数据源，得到 DataSource 对象的引用后，就可以通过它的 getConnection()获得数据库连接 Connection 对象。

```
Context context = new InitialContext();
DataSource ds = (DataSource)context.lookup("java:comp/env/jdbc/sampleDS");
Connection conn = ds.getConnection();
```

（7）DAO（Data Access Object）称为数据访问对象，它是一种 Java 设计模式。主要目的是在使用数据库的应用程序中实现业务逻辑和数据访问逻辑分离，从而使应用的维护变得简单。它通过将数据访问实现（通常使用 JDBC 技术）封装在 DAO 类中，提高应用程序的灵活性。

5.2 实 训 任 务

【实训目标】

学会使用 JDBC 连接和操作数据库基本方法；学习使用数据源技术建立数据库连接；掌握通过 DAO 设计模式访问数据库。

任务 1　学习使用 JDBC 向数据库中插入数据

本任务学习通过 JDBC 实现向数据库中插入数据，具体步骤如下。

（1）启动 MySQL 命令行工具，以 root 用户登录到服务器，在“mysql>”提示符下输入下面命令创建 webstore 数据库：

```
mysql>create database webstore;
```

（2）使用 use webstore 命令打开 webstore 数据库，使用 create table 命令创建 books 表，该表包含三个字段：isbn 表示图书编号、title 表示书名、price 表示书价格，代码执行结果如图 5-1 所示。

```
MySQL 5.7 Command Line Client - Unicode
mysql> use webstore;
Database changed
mysql> create table books(
    -> isbn varchar(13) not null primary key,
    -> title varchar(20) not null,
    -> price float(7,2));
Query OK, 0 rows affected (1.08 sec)

mysql> select * from books;
Empty set (0.16 sec)

mysql> _
```

图 5-1　创建 books 表

（3）在 Eclipse 中新建 database-demo 动态项目，将 MySQL 数据库的 JDBC 驱动程序文件复制到项目的 WEB-INF\lib 目录中。

（4）在 WebContent 目录中新建 add-book.jsp 页面接收用户输入图书信息，代码如下：

```
<!DOCTYPE html>
<%@ page contentType="text/html; charset=UTF-8"
        pageEncoding="UTF-8"%>
<html>
<head>
   <meta charset="UTF-8">
   <title>添加图书信息</title></head>
<body>
   <p>请输入图书信息</p>
   ${message}<br>
   <form action="add-book" method="post">
      书号：<input type="text" name="isbn"/><br>
      书名：<input type="text" name="title" /><br>
      价格：<input type="text" name="price"/><br>
      <input type="submit" value="确定"/><input type="reset" value="重置"/>
   </form>
</body>
</html>
```

页面运行效果如图 5-2 所示。

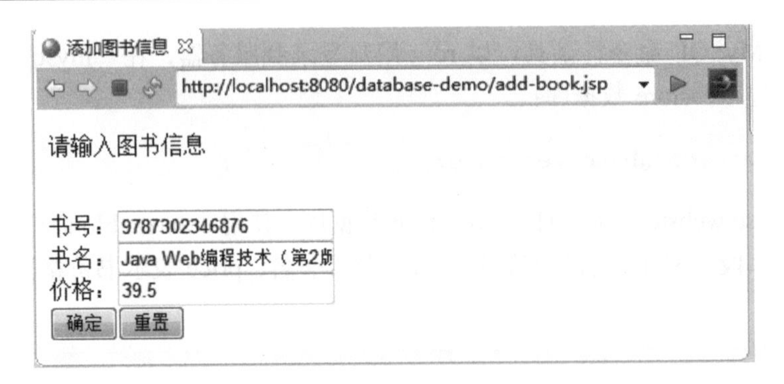

图 5-2　add-book.jsp 页面

（5）在 src 目录中创建 com.demo 包，在该包中创建名为 BookServlet 的类，它检索用户提交的图书信息，将其插入数据库 books 表，代码如下：

```
package com.demo;
import java.io.*;
import java.sql.*;
import javax.servlet.*;
import javax.servlet.http.*;
import javax.servlet.annotation.WebServlet;
@WebServlet("/add-book")
public class BookServlet extends HttpServlet{
    Connection dbconn = null;
    public void init() {
        String driver = "com.mysql.jdbc.Driver";
        String dburl = "jdbc:mysql://127.0.0.1:3306/webstore?useSSL=true";
        String username = "root";
        String password = "123456";
        try{
            Class.forName(driver);
            dbconn = DriverManager.getConnection(
                             dburl,username,password);
        }catch(ClassNotFoundException e1){
            System.out.println(e1);
            getServletContext().log("驱动程序类找不到！");
        }catch(SQLException e2){
         System.out.println(e2);
        }
    }

    public void doPost(HttpServletRequest request,
                       HttpServletResponse response)
                   throws ServletException,IOException{
        String isbn = request.getParameter("isbn");
        String title = request.getParameter("title");
```

```
        float price = Float.parseFloat(request.getParameter("price"));
        String message = "";
        try{
            String sql="INSERT INTO books VALUES(?,?,?)";
            PreparedStatement pstmt = dbconn.prepareStatement(sql);
            pstmt.setString(1,isbn);
            pstmt.setString(2,title);
            pstmt.setFloat(3,price);

            int num = pstmt.executeUpdate();
            if(num==1){
                message = "插入记录成功！";
            }else{
                message = "插入记录失败！";
            }
            request.setAttribute("message", message);
            request.getRequestDispatcher("add-book.jsp").forward(request,
            response);
        }catch(SQLException e){
         message = e.getMessage();
         request.setAttribute("message", message);
         request.getRequestDispatcher("add-book.jsp").forward(request,
         response);
        }
    }
}
```

（6）启动浏览器，访问 add-book.jsp 页面，输入一条记录，单击“确定”按钮，将记录插入数据库。在 MySQL 命令行窗口查看 books 表记录，结果如图 5-3 所示。

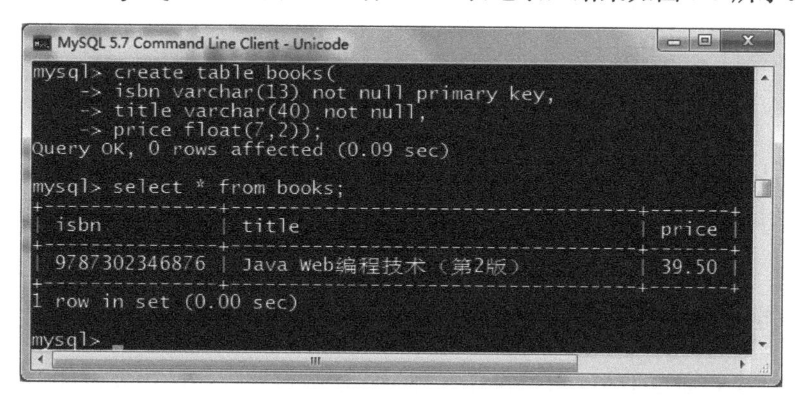

图 5-3　books 表记录

任务 2　学习使用数据源建立数据库连接

修改上述任务，通过数据源建立数据库连接，步骤如下。

（1）首先在 database-demo 项目的 META-INF 目录下创建 context.xml 文件，内容如下：

```
<?xml version="1.0" encoding="UTF-8"?>
<Context reloadable = "true">
<Resource
      name="jdbc/webstoreDS"
      type="javax.sql.DataSource"
      maxActive="4"
      maxIdle="2"
      username="root"
      password="123456"
      maxWait="5000"
      driverClassName="com.mysql.jdbc.Driver"
      url="jdbc:mysql://127.0.0.1:3306/webstore?useSSL=true"/>
</Context>
```

这里，jdbc/webstoreDS 即为数据源名。

（2）修改 BookServlet 类的 init()方法，使用数据源对象创建连接。

```
Connection dbconn = null;
DataSource dataSource;
public void init() {
    try {
        Context context = new InitialContext();
            dataSource =
              (DataSource)context.lookup("java:comp/env/jdbc/webstoreDS");
            dbconn = dataSource.getConnection();
    }catch(NamingException ne){
         System.out.println("异常:"+ne);
    }catch(SQLException se){
         System.out.println("异常:"+se);
    }
}
```

（3）重新启动 Tomcat 服务器，访问 add-book.jsp 页面，输入一条新记录，单击“确定”按钮，将记录插入数据库。在 MySQL 命令行窗口查看 books 表记录，确认已经将记录插入到表中。

任务 3　学习使用 DAO 设计模式访问数据库

DAO 设计模式通过 DAO 对象操作实体类实现数据持久化。需要设计 DAO 接口、实体类、DAO 实现类等。下面是具体步骤。

（1）在 database-demo 项目中建立 com.domain 包，在该包中创建 Book 实体类，代码如下：

```
package com.domain;
```

```
public class Book{
    private String isbn;
    private String title;
    private float price;
    public Book(){}
    public Book(String isbn,String title,float price){
        this.isbn = isbn;
        this.title = title;
        this.price = price;
    }
    public String getIsbn() {
        return isbn;
    }
    public void setIsbn(String isbn) {
        this.isbn = isbn;
    }
    public String getTitle() {
        return title;
    }
    public void setTitle(String title) {
        this.title = title;
    }
    public float getPrice() {
        return price;
    }
    public void setPrice(float price) {
        this.price = price;
    }
}
```

（2）创建 com.dao 包，在该包中创建 Dao 接口，代码如下：

```
package com.dao;
import java.sql.*;
import javax.sql.DataSource;
import javax.naming.*;
public interface Dao {
    public static DataSource getDataSource(){
        DataSource dataSource = null;
        try {
            Context context = new InitialContext();
            dataSource =
                (DataSource)context.lookup("java:comp/env/jdbc/webstoreDS");
        }catch(NamingException ne){
            System.out.println("异常:"+ne);
        }
```

```
        return dataSource;
    }
    //返回连接对象的默认方法
    public default Connection getConnection() throws SQLException {
        DataSource dataSource = getDataSource();
        Connection conn = null;
        try{
            conn =  dataSource.getConnection();
        }catch(SQLException sqle){
            System.out.println("异常:"+sqle);
        }
        return  conn;
    }
}
```

（3）在 com.dao 包中创建 BookDao 接口，它继承 Dao 接口，代码如下：

```
package com.dao;
import java.sql.SQLException;
import com.domain.Book;
public interface BookDao extends Dao{
    int addBook (Book book) throws SQLException;
    int deleteBook(String isbn) throws SQLException;
}
```

（4）在 com.dao 包中创建 BookDaoImpl 类，它实现 BookDao 接口，代码如下：

```
package com.dao;
import java.sql.*;
import com.domain.Book;
public class BookDaoImpl implements BookDao{
    //插入一条图书记录
    public int addBook(Book book) throws SQLException{
        String sql = "INSERT INTO books VALUES(?,?,?)";
        try(
            Connection conn = getConnection();
            PreparedStatement pstmt = conn.prepareStatement(sql))
        {
            pstmt.setString(1,book.getIsbn());
            pstmt.setString(2,book.getTitle());
            pstmt.setFloat(3,book.getPrice());
            int i = pstmt.executeUpdate();
            return i;
        }catch(SQLException se){
            se.printStackTrace();
            return 0;
```

```
        }
    }
    //按isbn删除图书
    public int deleteBook(String isbn) throws SQLException{
        String sql = "DELETE FROM books WHERE isbn = ?";
         try(
             Connection conn = getConnection();
             PreparedStatement pstmt = conn.prepareStatement(sql))
         {
             pstmt.setString(1,isbn);
             int i = pstmt.executeUpdate();
             return i;
         }catch(SQLException se){
             return 0;
         }
    }
}
```

（5）修改 com.demo.BookServlet.java，使用 DAO 操作数据库，代码如下：

```
package com.dao;
import java.sql.*;
import com.domain.Book;
public class BookDaoImpl implements BookDao{
    //插入一条图书记录
    public int addBook(Book book) throws SQLException{
        String sql = "INSERT INTO books VALUES(?,?,?)";
        try(
            Connection conn = getConnection();
            PreparedStatement pstmt = conn.prepareStatement(sql))
        {
            pstmt.setString(1,book.getIsbn());
            pstmt.setString(2,book.getTitle());
            pstmt.setFloat(3,book.getPrice());
            int i = pstmt.executeUpdate();
            return i;
        }catch(SQLException se){
            se.printStackTrace();
            return 0;
        }
    }
    //按isbnid删除图书
    public int deleteBook(String isbn) throws SQLException{
    String sql = "DELETE FROM books WHERE isbn = ?";
        try(
        Connection conn = getConnection();
```

```
            PreparedStatement pstmt = conn.prepareStatement(sql))
            {
               pstmt.setString(1,isbn);
               int i = pstmt.executeUpdate();
               return i;
            }catch(SQLException se){
               return 0;
            }
        }
    }
```

（6）重新启动 Tomcat 服务器，访问 add-book.jsp 页面，输入一条新记录，单击“确定”按钮，将记录插入数据库。在 MySQL 命令行窗口查看 books 表记录，确认已经将记录插入到表中。

5.3　思考与练习答案

1．Web 应用程序需要访问数据库，数据库驱动程序应该安装在目录（　　）中。

A．文档根　　B．WEB-INF\lib

C．WEB-INF　　D．WEB-INF\classes

【答】 B。

2．使用 Class 类的 forName()加载驱动程序需要捕获异常（　　）。

A．SQLException　　B．IOException

C．ClassNotFoundException　　D．DBException

【答】 C。

3．程序若要连接 Oracle 数据库，请给出连接代码。数据库驱动程序名是什么？数据库 JDBC URL 串的内容是什么？

【答】 连接 Oracle 数据库代码如下：

```
Class.forName("oracle.jdbc.driver.OracleDriver");
String dburl = "jdbc:oracle:thin:@127.0.0.1:1521:ORCL";
Connection conn = Drivermanager.getConnection(dburl, "scott", "tiger");
```

这里，oracle.jdbc.driver.OracleDriver 为 Oracle 数据库的 JDBC 驱动程序名，jdbc:oracle:thin:@ 127.0.0.1:1521:ORCL 为数据库 URL。

4．试说明使用数据源对象连接数据库的优点是什么？通过数据源对象如何获得连接对象？

【答】 使用数据源是目前 Web 应用开发中建立数据库连接的首选方法。这种方法是事先建立若干连接对象，存放在连接池中。当应用程序需要一个连接对象时就从连接池中取出一个，使用完后再放回连接池。这样就可避免每次请求都创建连接对象，从而降低请求的响应时间，提高效率。

使用数据源建立连接是通过 JNDI 技术实现的。这需要首先配置数据源（可以是局部数据源或全局数据源），然后在应用程序中通过 Context 对象查找数据源对象。假设已经配置了名为 sampleDS 的数据源，建立连接代码如下：

```
Context context = new InitialContext();
DataSource dataSource = context.lookup("java:comp/env/jdbc/sampleDS");
Connection dbConnection = dataSource.getConnection();
```

5. 编写一个 Servlet，查询 books 表中所有图书的信息并在浏览器中通过表格的形式显示出来。

【答】 参考程序如下：

```
package com.control;
import java.io.*;
import java.sql.*;
import javax.servlet.*;
import javax.servlet.http.*;

public class BookQueryServlet extends HttpServlet{
   Connection dbconn;
   public void init() {
      String driver = "com.mysql.jdbc.Driver";
      String dburl = "jdbc:mysql://127.0.0.1:3306/webstore?useSSL=true";
      String username = "root";
      String password = "123456";
      try{
         Class.forName(driver);
         dbconn = DriverManager.getConnection(
                          dburl,username,password);
      }catch(ClassNotFoundException e1){
      }catch(SQLException e2){}
   }
   public void doGet(HttpServletRequest request,
                     HttpServletResponse response)
                     throws ServletException,IOException{
      response.setContentType("text/html;charset=UTF-8");
      PrintWriter out = response.getWriter();
      out.println("<html><body>");
      out.println("<table>");
      try{
         String sql="SELECT * FROM books";
         Statement stmt = dbconn.createStatement();
         ResultSet rst = stmt.executeQuery(sql);
         while(rst.next()){
            out.println("<tr><td>"+rst.getString(1)+"</td>");
            out.println("<td>"+rst.getString(2)+"</td>");
            out.println("<td>"+rst.getString(3)+"</td>");
```

```
                out.println("<td>"+rst.getString(4)+"</td>");
                out.println("<td>"+rst.getDouble(5)+"</td></tr>");
            }
        }catch(SQLException e){
            e.printStackTrace();
        }
        out.println("</table>");
        out.println("</body></html>");
    }
    public void destroy(){
        try {
            dbconn.close();
        }catch(Exception e){
            e.printStackTrace();
        }
    }
}
```

6. 请为本章的 CustomerDaoImpl.java 程序增加两个方法实现删除和修改客户信息，这两个方法的格式为：

```
public boolean deleteCustomer(String custName)
public boolean updateCustomer(Customer customer)
```

【答】 首先在 CustomerDaoImpl 类中定义下面两个字符串常量：

```
private static final String DELETE_SQL =
            "DELETE FROM customer WHERE custName = ?";
private static final String UPDATE_SQL =
            "UPDATE customer SET email=? , phone=? WHERE custName=?";
```

下面是删除客户和修改客户的方法：

```
//按姓名删除客户记录
public boolean deleteCustomer(String custName){
    Connection conn = null;
    PreparedStatement pstmt = null;
    ResultSet rst = null;
    Customer customer =null;
    try{
        conn = dataSource.getConnection();
        pstmt = conn.prepareStatement(DELETE_SQL);
        pstmt.setString(1,custName);
        int n = pstmt.executeUpdate();
        if(n ==1){
            return true;
        }else{
```

```
                return false;
            }
        }catch(SQLException se){
            return false;
        }finally{
            try{
                pstmt.close();
                conn.close();
            }catch(SQLException se){}
        }
    }

    //修改客户记录
    public boolean updateCustomer(Customer customer){
        Connection conn = null;
        PreparedStatement pstmt = null;
        try{
            conn = dataSource.getConnection();
            pstmt = conn.prepareStatement(UPDATE_SQL);
            pstmt.setString(1,customer.getEmail());
            pstmt.setString(2,customer.getPhone());
            pstmt.setString(3,customer.getCustName());
            int n = pstmt.executeUpdate();
            if(n ==1){
                return true;
            }else{
                return false;
            }
        }catch(SQLException se){
            return false;
        }finally{
            try{
                pstmt.close();
                conn.close();
            }catch(SQLException se){}
        }
    }
```

7. 编写一个名为 SelectCustomerServlet 的 Servlet，在其中使用 CustomerDao 类的 findById()，实现客户查询功能，然后将请求转发到 displayCustomer.jsp 页面，显示查询结果。

【答】 参考代码如下：

```
@WebServlet("/SelectCustomerServlet")
public class SelectCustomerServlet extends HttpServlet {
```

```
    protected void doGet(HttpServletRequest request,
                         HttpServletResponse response)
                         throws ServletException, IOException {
       CustomerDao dao = new CustomerDao();
       Customer customer = null;
       String cname = request.getParameter("custName");
       customer= dao.findByName(cname);
       request.setAttribute("customer", customer);
       RequestDispatcher rd =
             request.getRequestDispatcher("/displayCustomer.jsp");
       rd.forward (request,response);
       return;
    }
}
```

8．改写教材 4.7 节购物车应用，使用数据库存放商品信息，实现商品的显示、删除等操作。

【答】 略。

9．C3P0 是一个开源的 JDBC 连接池，它实现了数据源和 JNDI 绑定，支持 JDBC 4 规范的标准扩展。目前使用它的开源项目有 Hibernate，Spring 等。在 Java Web 应用中可以使用它来建立数据源而不需要使用 JNDI。可到网上下载 C3P0 或从 Hibernate 的打包文件中获得，最新版本是 0.9.5.2。将 c3p0-0.9.5.2.jar 和 mchange-commons-java-0.2.11.jar 两个文件复制到 WEB-INF\lib 目录中。请改写教材程序 5.9 使用 C3P0 创建数据源对象。

【答】 参考答案：

（1）首先将 C3P0 的 c3p0-0.9.5.2.jar 和 mchange-commons-java-0.2.11.jar 两个文件复制到 WEB-INF\lib 目录中。

（2）在 C3P0 中可以使用 ComboPooledDataSource 类创建数据源对象，它定义在 com.mchange.v2.c3p0 包中。修改教材程序 5.9 的 init()方法，编写下面代码创建数据源对象和连接对象，其他代码无须修改。

```
public void init() {
   try {
   //创建连接池实例
   ComboPooledDataSource dataSource = new ComboPooledDataSource();
   //设置连接池连接数据库所需的驱动
   dataSource.setDriverClass("com.mysql.jdbc.Driver");
   //设置连接数据库的URL
   dataSource.setJdbcUrl("jdbc:mysql://localhost:3306/webstore?useSSL=true");
   dataSource.setUser("root");             //设置连接数据库的用户名
   dataSource.setPassword("123456");       //设置连接数据库的密码
   dataSource.setMaxPoolSize(40);          //设置连接池的最大连接数
   dataSource.setMinPoolSize(2);           //设置连接池的最小连接数
   dataSource.setInitialPoolSize(10);      //设置连接池的初始连接数
   dataSource.setMaxStatements(100);       //设置连接池的缓存Statement的最大数
   dbconn = dataSource.getConnection();//从连接池返回一个连接对象
```

```
    } catch (Exception e) {
        e.printStackTrace();
    }
}
```

10．开发一个如图 5.9 所示的应用程序，其功能是插入和删除数据库表中学生记录。当插入一条学生记录后，程序应显示表中所有记录。要求数据库连接使用数据源，数据库操作通过 DAO 设计模式实现。

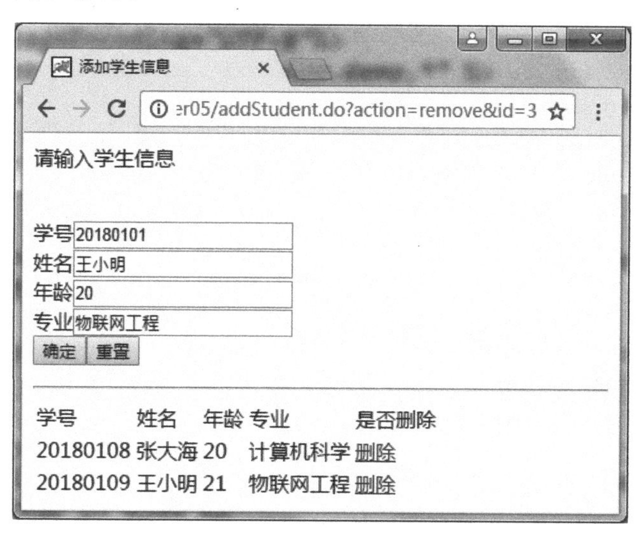

图 5.9　添加学生记录页面

本应用使用数据源连接数据库并采用 DAO 设计模式，按照下面步骤完成本练习。

（1）在 webstore 数据库创建 students 表，代码如下：

```
CREATE TABLE students(
    id INT NOT NULL PRIMARY KEY,
    name VARCHAR(20),
    age INT,
    major VARCHAR(20)
);
```

（2）在 META-INF 目录下建 context.xml 文件，内容如下：

```
<?xml version="1.0" encoding="utf-8"?>
<Context reloadable = "true">
<Resource
    name="jdbc/webstoreDS"
    type="javax.sql.DataSource"
    maxTotal="4"
    maxIdle="2"
    driverClassName="com.mysql.jdbc.Driver"
    url="jdbc:mysql://127.0.0.1:3306/webstore?useSSL=true"
```

```
    username="root"
    password="12345"
    maxWaitMillis="5000" />
</Context>
```


（3）在 com.domain 包中定义 Student 类作为模型类，代码如下：

```
package com.domain;
public class Student {
    private int id;
    private String name;
    private int age;
    private String major;
    public Student() {
        super();
    }
    public Student(int id, String name, int age, String major) {
        this.id = id;
        this.name = name;
        this.age = age;
        this.major = major;
    }
    public int getId() {
        return id;
    }
    public void setId(int id) {
        this.id = id;
    }
    public String getName() {
        return name;
    }
    public void setName(String name) {
        this.name = name;
    }
    public int getAge() {
        return age;
    }
    public void setAge(int age) {
        this.age = age;
    }
    public String getMajor() {
        return major;
    }
    public void setMajor(String major) {
        this.major = major;
    }
}
```

（4）定义 Dao 接口，其中定义了 getDataSource()方法返回数据源对象，用于返回连接对象默认方法 getConnection()。

```
package com.dao;
import java.sql.*;
import javax.sql.DataSource;
import javax.naming.*;
public interface Dao {
    public static DataSource getDataSource(){
        DataSource dataSource = null;
        try {
            Context context = new InitialContext();
            dataSource =
              (DataSource)context.lookup("java:comp/env/jdbc/webstoreDS");
        }catch(NamingException ne){
            System.out.println("异常:"+ne);
        }
        return dataSource;
    }
    public default Connection getConnection() throws SQLException {
        DataSource dataSource = getDataSource();
        Connection conn = null;
        try{
            conn =  dataSource.getConnection();
        }catch(SQLException sqle){
            System.out.println("异常:"+sqle);
        }
        return  conn;
    }
}
```

（5）定义 StudentDao 接口，它继承 Dao 接口，代码如下：

```
package com.dao;
import java.util.*;
import com.domain.Student;

public interface StudentDao extends Dao{
    public boolean addStudent(Student s) throws SQLException;
    public List<Student> listStudent()throws SQLException;
    public int removeStudent(int id) throws SQLException;
}
```

（6）定义 StudentDaoImpl 类，它实现 StudentDao 接口，代码如下：

```
package com.dao;
import java.util.*;
```

```
import java.sql.*;
import com.domain.Student;

public class StudentDaoImpl implements StudentDao {
    //添加学生方法
    public boolean addStudent(Student s) throws SQLException{
        Connection conn = getConnection();
        String sql = "INSERT INTO students(id,name,age,major) VALUES (?,?,?,?)";
        try{
            PreparedStatement pstmt = conn.prepareStatement(sql);
            pstmt.setInt(1, s.getId());
            pstmt.setString(2, s.getName());
            pstmt.setInt(3, s.getAge());
            pstmt.setString(4,s.getMajor());
            pstmt.executeUpdate();
            return true;
        }catch(SQLException sqle){
            System.out.println(sqle);
            return false;
        }
    }
    //检索学生方法
    public List<Student> listStudent()throws SQLException{
        Connection conn = getConnection();
        String sql = "SELECT * FROM students";
        List<Student> list = new ArrayList<Student>();
        try{
            PreparedStatement pstmt = conn.prepareStatement(sql);
            ResultSet rs = pstmt.executeQuery();
            while(rs.next()){
                int id = rs.getInt("id");
                String name = rs.getString(2);
                int age = rs.getInt(3);
                String major = rs.getString(4);
                Student s = new Student();
                s.setId(id);
                s.setName(name);
                s.setAge(age);
                s.setMajor(major);
                list.add(s);
            }
            return list;
        }catch(SQLException sqle){
            System.out.println(sqle);
            return null;
```

```
        }
    }
    //删除学生方法
    public int removeStudent(int id) throws SQLException{
        Connection conn = getConnection();
        String sql = "DELETE FROM students WHERE id=?";
        try{
            PreparedStatement pstmt = conn.prepareStatement(sql);
            pstmt.setInt(1, id);
            return pstmt.executeUpdate();
        }catch(SQLException sqle){
            System.out.println(sqle);
            return 0;
        }
    }
}
```

（7）StudentServlet 类是控制器，实现学生记录的添加、显示和删除，代码如下：

```
package com.demo;
import java.io.IOException;
import javax.servlet.RequestDispatcher;
import javax.servlet.ServletException;
import javax.servlet.annotation.WebServlet;
import javax.servlet.http.HttpServlet;
import javax.servlet.http.HttpServletRequest;
import javax.servlet.http.HttpServletResponse;
import com.dao.*;
import java.util.*;
@WebServlet(name = "addStudentServlet", urlPatterns = { "/student-action" })
public class StudentServlet extends HttpServlet {
   private static final long serialVersionUID = 1L;
   protected void doGet(HttpServletRequest request,
                    HttpServletResponse response)
                    throws ServletException, IOException {
      doPost(request,response);
   }
   protected void doPost(HttpServletRequest request,
                    HttpServletResponse response)
                    throws ServletException, IOException {
   String action = request.getParameter("action");
   if(action!=null&&action.equals("addStudent")){
      addStudent(request,response);
   }else if(action.equals("remove")){
      removeStudent(request,response);
   }else{
```

```
        listStudent(request,response);
    }
  }
  //添加学生方法
  public void addStudent(HttpServletRequest request,
                         HttpServletResponse response)
        throws ServletException, IOException {
  int id =  Integer.parseInt(request.getParameter("id"));
  String name =new String(
        request.getParameter("name").getBytes("iso-8859-1"),"utf-8");
  int age = Integer.parseInt(request.getParameter("age"));
  String major = new String(
       request.getParameter("major").getBytes("iso-8859-1"),"utf-8");
  Student s = new Student();
  s.setId(id);
  s.setName(name);
  s.setAge(age);
  s.setMajor(major);

  StudentDao dao = new StudentDaoImpl();
  try{
     boolean success= dao.addStudent(s);
     if(success){
       String message = "插入记录成功";
       request.setAttribute("msg", message);
       listStudent(request,response);
     }else{
       RequestDispatcher rd = request.getRequestDispatcher("error.jsp");
       rd.forward(request, response);
     }
   }catch(SQLException e){}
  }
  //显示学生信息
  public void listStudent(HttpServletRequest request,
                         HttpServletResponse response)
                         throws ServletException, IOException {
     StudentDao dao = new StudentDaoImpl();
     try{
        List<Student> list= dao.listStudent();
        request.setAttribute("studentList", list);
     }catch(SQLException e){}
     RequestDispatcher rd = request.getRequestDispatcher("addStudent.jsp");
     rd.forward(request, response);
  }
  public void removeStudent(HttpServletRequest request,
```

```
                                   HttpServletResponse response)
                                   throws ServletException, IOException {
        int id = Integer.parseInt(request.getParameter("id"));
        StudentDao dao = new StudentDaoImpl();
        try{
           int success=dao.removeStudent(id);
           if(success>0){
              listStudent(request,response);
           }
        }catch(SQLException e){}
    }
}
```

（8）下面的 addStudent.jsp 页面用来插入并显示学生信息，代码如下：

```
<%@ page contentType="text/html; charset=UTF-8"
         pageEncoding="UTF-8"%>
<%@ page import="java.util.*,com.demo.*" %>
<%@taglib prefix="c" uri="http://java.sun.com/jsp/jstl/core" %>
<html>
<head><title>添加学生信息</title></head>
<body>
<form action="student-action?action=addStudent" method="post">
<p>请输入学生信息</p>
 ${msg}<br>
 学号<input type="text" name="id" value="20180101"/><br>
 姓名<input type="text" name="name" value="王小明"/><br>
 年龄<input type="text" name="age" value="20"/><br>
 专业<input type="text" name="major" value="计算机"/><br>
 <input type="submit" value="确定"/><input type="reset" value="重置"/>
</form>
<hr/>
<table>
<tr><td>学号</td><td>姓名</td><td>年龄</td>
    <td>专业</td><td>是否删除</td></tr>
<c:forEach var="s" items="${studentList}">
    <tr>
        <td>${s.id}</td><td>${s.name}</td><td>${s.age }</td>
        <td>${s.major}</td>
        <td><a href="student-action?action=remove&id=${s.id}" >删除</a></td>
    </tr>
</c:forEach>
</table>
</body>
</html>
```

第6章　表达式语言

本章学习 JSP 表达式语言（Expression Language，EL）的使用，包括 EL 语法、运算符、访问作用域变量、访问 JavaBeans 属性、访问集合元素以及 EL 隐含对象的使用。

6.1　知识点总结

（1）使用表达式语言可以方便地访问应用数据。在 JSP 页面中，表达式语言的使用形式如下：

```
${expression}
```

该结构可以出现在 JSP 页面的模板文本中，也可以出现在 JSP 标签的属性值中。

（2）使用 EL 访问作用域变量，只需在 EL 中使用变量名即可，如下所示：

```
${variable_name}
```

（3）使用 EL 可以通过点号（.）或方括号（[]）运算符访问 JavaBeans 的属性，如下所示：

```
${beanName.propertyName}
```

如果一个属性是另一个 JavaBeans 对象，还可以访问属性的属性，例如：

```
${employee.address.zipCode}
```

（4）使用 EL 访问集合对象元素，集合可以是数组、List 对象或 Map 对象。需要使用数组记法的运算符（[]）。例如：

```
${attributeName[entryName]}
```

（5）使用 EL 访问 pageContext、param、 paramValues、header、headerValues、initParam、cookie、pageScope、requestScope、sessionScope 和 applicationScope 等隐含变量。下面是使用 pageContext 隐含变量的例子：

```
${pageContext.request.requestURL}
```

（6）EL 提供了若干运算符实现简单运算。主要包括：

- 算术运算符：加（+）、减（-）、乘（*）、除（/或 div）和求余数（%或 mod）。
- 关系运算符：相等（==或 eq）、不相等（!=或 ne）、大于（>或 gt）、小于（<或 lt）

大于等于（>=或 ge）和小于等于（<=或 le）。
- 逻辑运算符：逻辑非（!或 not）、逻辑与（&&或 and）、逻辑或（||或 or）。
- 条件运算符：${condition?A:B}，当 condition 的值为 true 返回 A，否则返回 B。
- 空运算符：${empty X}，当 X 为 null、空字符串、空 Map 对象、空数组、空集合时返回 true，否则返回 false。

（7）无脚本的 JSP 页面。使用 EL、JavaBeans 和自定义标签可编写无脚本（声明、小脚本、表达式）的页面。

（8）可以禁止在 JSP 页面中使用 EL，这适用于早期编写的 JSP 页面。有多种方法禁用 JSP 中使用 EL。禁止在一个页面使用 EL，可使用 page 指令。

```
<%@ page isELIgnored="true" %>
```

如果禁用多个 JSP 页面使用 EL，可以使用<jsp-property-group>元素，如下：

```
<jsp-config>
    <jsp-property-group>
        <url-pattern>*.jsp</url-pattern>
        <el-ignored>true</el-ignored>
    </jsp-property-group>
</jsp-config>
```

6.2 实训任务

【实训目标】

学会使用表达式语言 EL 在页面中输出数据，使用 EL 运算符，使用 EL 访问作用域变量、访问 JavaBeans 属性、访问集合元素，使用 EL 隐含变量。

任务 1 学习 EL 运算符的使用

（1）在 Eclipse 中新建动态 Web 项目 expression-demo，在 WebContent 目录中新建 expression-demo.jsp 页面，内容如下：

```
<%@ page contentType="text/html;charset=gb2312" %>
<html>
<head>
    <title>JSP EL运算符</title>
</head>
<body>
<table border="1">
    <caption>JSP EL算术运算符</caption>
    <tr><td>EL 表达式</td><td>结果</td>
    </tr>
    <tr> <td>\${1.2 + 2.3}</td> <td>${1.2 + 2.3}</td> </tr>
```

```
    <tr> <td>\${1.2E4 + 1.4}</td> <td>${1.2E4 + 1.4}</td> </tr>
    <tr> <td>\${-4 - 2}</td> <td>${-4 - 2}</td> </tr>
    <tr> <td>\${21 * 2}</td> <td>${21 * 2}</td> </tr>
    <tr> <td>\${3/4}</td> <td>${3/4}</td> </tr>
    <tr> <td>\${3 div 4}</td> <td>${3 div 4}</td> </tr>
    <tr> <td>\${3/0}</td> <td>${3/0}</td> </tr>
    <tr> <td>\${10%4}</td> <td>${10%4}</td> </tr>
    <tr> <td>\${10 mod 4}</td> <td>${10 mod 4}</td> </tr>
</table>
</body>
</html>
```

（2）访问 expression-demo.jsp，运行结果如图 6-1 所示。

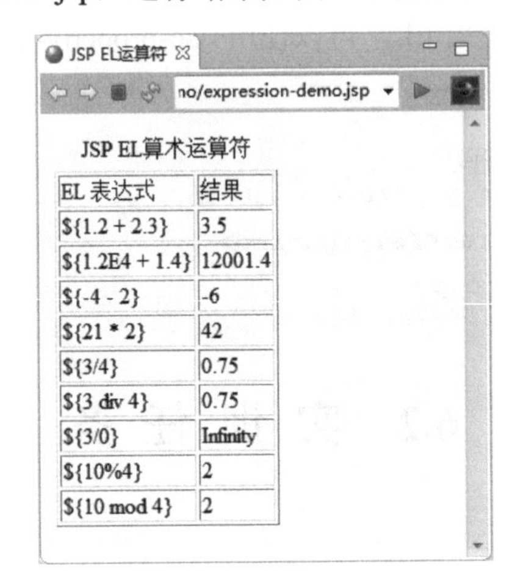

图 6-1　EL 算术表达式

任务 2　学习 EL 访问作用域变量

（1）在 expression-demo 项目 src 中新建 com.model 包，在该包中定义一个名为 Employee 的 JavaBeans 类，其中包括三个属性：id 表示员工号、name 表示员工名和 age 表示员工年龄。代码如下：

```
package com.model;
public class Employee{
    private String id = "";
    private String name = "";
    private int age = 0;
    public Employee() {
        super();
    }
    public String getId() {
        return id;
    }
    public void setId(String id) {
```

```
        this.id = id;
    }
    public String getName() {
        return name;
    }
    public void setName(String name) {
        this.name = name;
    }
    public int getAge() {
        return age;
    }
    public void setAge(int age) {
        this.age = age;
    }
}
```

（2）在 WebContent 目录中创建 JSP 页面 input-employee.jsp，在其中通过表单输入员工信息，将请求转发到一个 EmployeeServlet。

```
<%@ page contentType="text/html;charset=gb2312"%>
<html><head><title>输入员工信息</title></head>
<body>
    请输入员工信息:
    <form action="show-employee" method="post">
    <table>
        <tr><td>员工号:</td><td><input type="text" name="id"></td></tr>
        <tr><td>姓名:</td><td><input type="text" name="name"></td></tr>
        <tr><td>年龄:</td><td><input type="text" name="age"></td></tr>
    </table>
    <input type="submit" value="提交">
    </form>
</body>
</html>
```

（3）在 src 目录中新建 com.demo 包，在该包中定义下面的 EmployeeServlet 从 JSP 页面得到员工信息：

```
package com.demo;
import java.io.*;
import javax.servlet.*;
import javax.servlet.http.*;
import com.model.Employee;
import javax.servlet.annotation.WebServlet;

@WebServlet(urlPatterns = {"/show-employee"})
public class EmployeeServlet extends HttpServlet{
    public void doPost(HttpServletRequest request,
                       HttpServletResponse response)
```

```
                    throws ServletException,IOException{

        String id = request.getParameter("id");
        String name = request.getParameter("name");
        name = new String(name.getBytes("iso8859-1"),"utf-8");
        int age = Integer.parseInt(request.getParameter("age"));
        Employee emp = new Employee();
        emp.setId(id);
        emp.setName(name);
        emp.setAge(age);

        request.setAttribute("employee", emp);
        RequestDispatcher view =
           request.getRequestDispatcher("/display-employee.jsp");
        view.forward(request, response);
    }
}
```

（4）在 WebContent 目录中创建 JSP 页面 display-employee.jsp，使用 EL 表达式显示员工的信息：

```
<%@ page contentType="text/html;charset=UTF-8"%>
<html>
<head><title>员工信息</title></head>
<body>
员工的信息如下：<br>
<ul>
   <li>员工号:${employee.id}
   <li>员工名:${employee.name}
   <li>年龄:${employee.age}
</ul>
</body></html>
```

（5）访问 input-employee.jsp，在其中输入员工信息，单击“提交”按钮，显示结果如图 6-2 和图 6-3 所示。

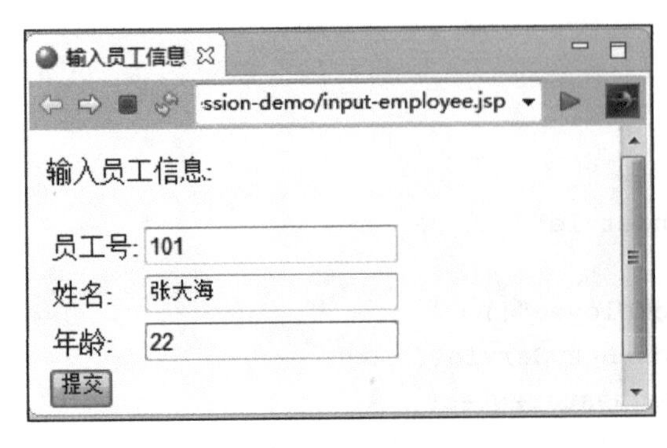

图 6-2　输入员工信息

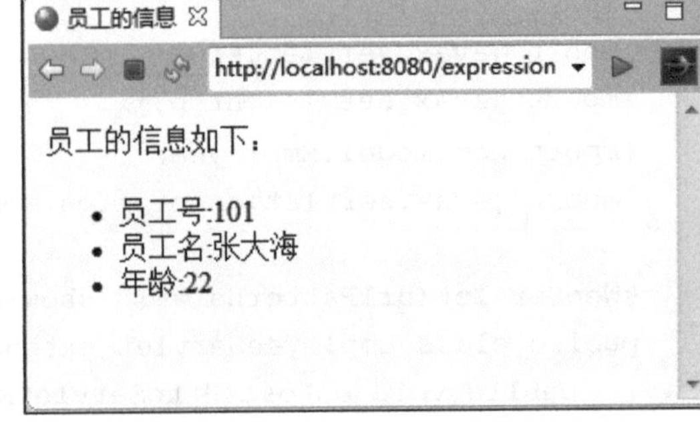

图 6-3　显示员工信息

任务 3　学习 EL 隐含对象的使用

（1）在 WebContent 目录中编写 implicit.jsp，它演示了 EL 隐含对象的使用。

```
<%@ page contentType="text/html;charset=UTF-8" %>
<html>
    <head><title>EL隐含对象</title>
    </head>
    <body>
        <p>EL表达式语言-隐含对象</p>
        <hr>
        <p>输入foo参数值</p>
            <form action="implicit.jsp" method="GET">
            foo= <input type="text" name="foo" value="${param['foo']}" />
                <input type="submit" />
            </form>
            <br>
        <table border="1">
            <tr><td><b>EL 表达式</b></td><td><b>结果</b></td>
            </tr>
            <tr>
                <td>\${param.foo}</td>
                <td>${param.foo} </td>
            </tr>
            <tr>
                <td>\${param["foo"]}</td>
                <td>${param["foo"]} </td>
            </tr>
            <tr>
                <td>\${header["host"]}</td>
                <td>${header["host"]}</td>
            </tr>
            <tr>
                <td>\${header["accept"]}</td>
                <td>${header["accept"]}</td>
            </tr>
            <tr>
                <td>\${header["user-agent"]}</td>
                <td>${header["user-agent"]}</td>
            </tr>
        </table>
    </body>
</html>
```

（2）访问 implicit.jsp 页面，显示如图 6-4 所示结果。

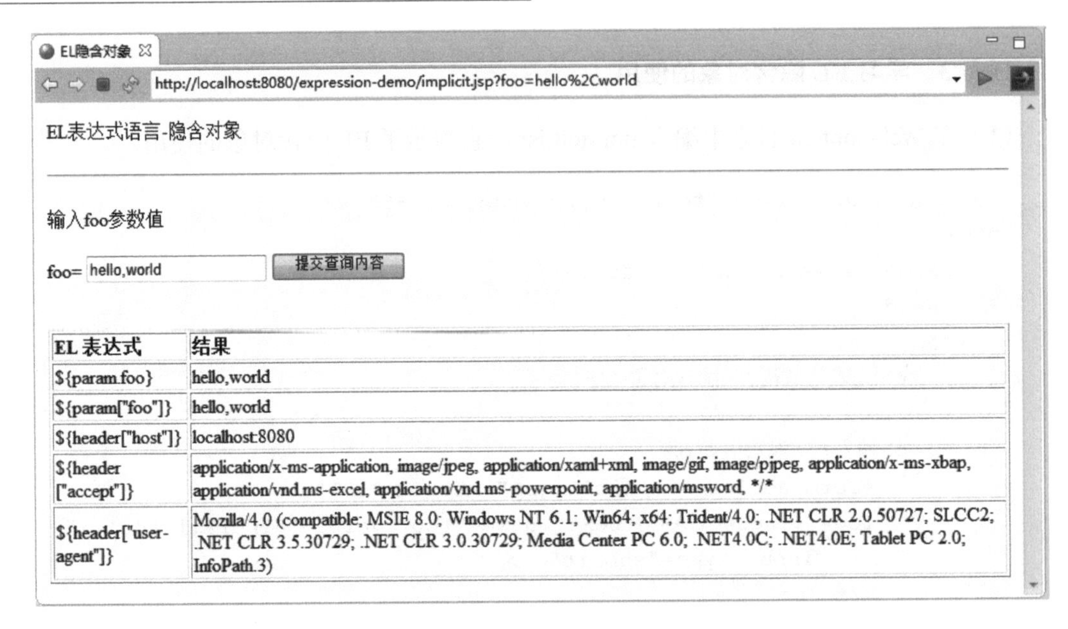

图 6-4　EL 隐含变量使用

6.3　思考与练习答案

1．有下面 JSP 页面，叙述正确的是（　　）。

```
<html><body>
    ${(5 + 3 + a > 0) ? 10 : 20}
</body></html>
```

A．语句合法，输出 10　　B．语句合法，输出 20

C．因为 a 没有定义，因此抛出异常　　D．表达式语法非法，抛出异常

【答】 A。a 没有被定义，其默认值为 0。

2．表达式${(10 le 10) && !(24+1 lt 24) ? "Yes" :"No"}的结果是（　　）。

A．Yes　　B．No

C．true　　D．false

【答】 A。le 表示小于等于，lt 表示小于。问号（?）前的表达式值为 true，故整个表达式返回 Yes。

3．下面变量不能用在 EL 表达式中的是（　　）。

A．param　　B．cookie

C．header　　D．pageContext

E．contextScope

【答】 E。EL 表达式中可以使用的隐含变量不包括 contextScope。要访问应用作用域中的属性，应该使用 applicationScope 隐含变量。

4．下面不能返回 header 的 accept 域的两个表达式是（　　）。

A. ${header.accept}
B. ${header[accept]}
C. ${header['accept']}
D. ${header["accept"]}
E. ${header.'accept'}

【答】 B，E。

5．如果使用 EL 显示请求的 URI，下面正确的是（　　）。

A. ${pageScope.request.requestURI}
B. ${pageContext.request.requestURI}
C. ${ request.requestURI}
D. ${requestScope.request.requestURI}

【答】 B。

6．给定一个 HTML 表单，其中使用了一个名为 hobbies 的复选框，如下所示：

```
兴趣：<input type="checkbox" name="hobbies" value="reading">文学
     <input type="checkbox" name="hobbies" value="sport">体育
     <input type="checkbox" name="hobbies" value="computer">电脑<br>
```

下面表达式能够计算并得到 hobbies 参数的第一个值的是（　　）。

A. ${param.hobbies }
B. ${ paramValues.hobbies }
C. ${paramValues.hobbies[0]}
D. ${ paramValues.hobbies[1]}
E. ${ paramValues.[hobbies][0]}

【答】 A，C。

7.一个 Web 站点将管理员的 Email 地址存储在一个名为 master-email 的 ServletContext 参数中，如何使用 EL 得到这个值？（　　）

A. <a href="mailto:${initParam.master-email}">email me</a>
B. <a href="mailto:${contextParam.master-email}">email me</a>
C. <a href="mailto:${initParam['master-email']}">email me</a>
D. <a href="mailto:${contextParam['master-email']}">email me</a>

【答】 C。

8．设在应用作用域中使用 setAttribute("count",100) 定义一个 count 属性，在 JSP 页面中访问它下面哪个是合法的？（　　）

A. ${pageScope.count}
B. ${PageContext.count}
C. ${applicationScope.count}
D. ${application.count}

【答】 C。

9．下面页面的输出结果是什么？

```
<%@ page isELIgnored="true"%>
<html><head>
   ${(5 + 3 > 0) ? true : false}
</body></html>
```

【答】 ${(5 + 3 > 0) ? true : false}，因为使用 page 指令禁用了表达式语言。

10．属性与集合的访问运算符的点（.）运算符与方括号（[]）运算符有什么不同？

【答】 使用点（.）运算符可以访问 Map 对象一个键的值和 bean 对象的属性值。使用方括号（[]）运算符还可以 List 对象和数组对象的元素。

11．在 EL 中都可以访问哪些类型的数据？

【答】

（1）作用域变量；

（2）JavaBeans 的属性；

（3）集合元素；

（4）隐含变量。

第7章　JSTL与自定义标签

本章学习JSP标签技术，包括JSTL标准标签和自定义标签的使用。主要学习JSTL核心标签库的标签、自定义标签的开发步骤和常用标签的开发。

7.1　知识点总结

（1）JSTL 称为JSP标准标签库（JSP Standard Tag Library），它是为实现Web应用常用功能而开发的标签库。JSTL包括下面5个子库。

- 核心标签库，包括通用处理的标签。
- XML标签库，包括解析、查询和转换XML数据的标签。
- 国际化和格式化库，包括国际化和格式化的标签。
- SQL标签库，包括访问关系数据库的标签。
- 函数库，包括管理String和集合的函数。

（2）在JSP页面中使用JSTL，首先需要安装JSTL包。在Web项目的WEB-INF\lib目录中添加taglibs-standard-impl-1.2.5.jar和taglibs-standard-spec-1.2.5.jar库文件。要使用核心标签库，必须在JSP页面中使用下面的taglib指令。

```
<%@ taglib prefix="c" uri="http://java.sun.com/jsp/jstl/core" %>
```

（3）在JSTL核心标签库中常用的标签有：

- 通用目的标签有<c:out>、<c:set>、<c:remove>和<c:catch>。
- 条件控制标签有<c:if>、<c:choose>、<c:when>和<c:otherwise>。
- 循环控制标签有< c:forEach>和< c:forTokens>。
- URL相关的标签有<c:import>、<c:url>、<c:redirect>和<c:param>。

（4）在JSP页面中可以使用两类自定义标签：简单的（simple）自定义标签和传统的（classic）自定义标签。本书只讨论简单自定义标签。简单标签API包括SimpleTag接口和其实现类SimpleTagSupport，自定义标签可以实现SimpleTag接口或继承SimpleTagSupport类。

（5）创建和使用自定义标签一般包含下面三个步骤：

① 创建标签处理类。

② 创建标签库描述文件TLD。

③ 在JSP页面中引入标签库和使用标签。

（6）简单自定义标签的生命周期如下：

① 容器调用标签处理类的无参数构造方法创建一个实例。

② 容器调用 setJspContext()，为其传递一个 JspContext 对象。调用该对象的 getOut()

返回 JspWriter 对象，使用它向客户发送响应。

③ 如果自定义标签嵌套在另一个标签内，容器调用 setParent()设置父标签，该方法签名如下：

```
public void setParent(JspTag parent)
```

④ 如果标签带属性，容器调用每个属性的 setter 方法设置属性值。

⑤ 如果标签带标签体，容器调用 setJspBody()，将标签体内容作为 JspFragment 对象传递给该方法，调用其 invoke(null)计算并输出标签体。

⑥ 最后，容器调用 doTag()向 JSP 输出信息。

（7）标签库描述文件（Tag Library Descriptor，TLD）用来定义使用标签的 URI 和对标签的描述。最主要是指定标签的 URI 和标签名以及属性描述等。

（8）从 JSP 2.0 开始，还可以开发和使用标签文件，它不需要编写标签处理类和标签库描述文件，它简化了自定义标签的开发。

7.2 实训任务

【实训目标】

学会 JSTL 常用核心标签库的使用，掌握简单自定义标签的开发过程，学习带属性和带标签体标签的开发。

任务 1 学习 JSTL 核心标签的使用

本任务学习 JSTL 核心标签库的使用。使用 JSTL 的<c:forEach>标签对 Map 对象迭代。该实验包括 BigCitiesServlet 类和 bigCities.jsp 页面。

（1）在 Eclipse 中新建 taglib-demo 动态 Web 项目，在项目的 WEB-INF\lib 目录中添加 JSTL 库文件 taglibs-standard-impl-1.2.5.jar 和 taglibs-standard-spec-1.2.5.jar。

（2）在 taglib-demo 项目的 src 目录中创建 com.demo 包，在该包中创建 BigCitiesServlet 类，代码如下：

```
package com.demo;
import java.io.IOException;
import java.util.HashMap;
import java.util.Map;
import javax.servlet.RequestDispatcher;
import javax.servlet.ServletException;
import javax.servlet.annotation.WebServlet;
import javax.servlet.http.HttpServlet;
import javax.servlet.http.HttpServletRequest;
import javax.servlet.http.HttpServletResponse;
@WebServlet(urlPatterns = {"/bigCities"})
public class BigCitiesServlet extends HttpServlet {
```

```
    @Override
    public void doGet(HttpServletRequest request,
                    HttpServletResponse response)
            throws ServletException, IOException {
        Map<String, String> capitals =  new HashMap<String, String>();
        capitals.put("俄罗斯", "莫斯科");
        capitals.put("日本", "东京");
        capitals.put("中国", "北京");

        Map<String, String[]> bigCities =
                        new HashMap<String, String[]>();
        bigCities.put("澳大利亚", new String[] {"悉尼",
                    "墨尔本", "布里斯班"});
        bigCities.put("美国", new String[] {"纽约",
                        "洛杉矶", "加利福尼亚"});
        bigCities.put("中国", new String[] {"北京",
                "上海", "广州"});

        request.setAttribute("capitals", capitals);
        request.setAttribute("bigCities", bigCities);
        RequestDispatcher rd =
                request.getRequestDispatcher("/bigCities.jsp");
        rd.forward(request, response);
    }
}
```

（3）在 WebContent 目录中新建 bigCities.jsp 页面，该页面使用 JSTL 的<c:forEach>标签显示作用域变量中的数据，代码如下：

```
<%@ page contentType="text/html; charset=UTF-8"
        pageEncoding="UTF-8"%>
<%@ taglib uri="http://java.sun.com/jsp/jstl/core" prefix="c" %>
<html>
<head><title>国家和城市</title></head>
<body>
<table>
    <tr style="background:#448755;color:white;font-weight:bold">
        <td>国家</td>
        <td>首都</td>
    </tr>
    <c:forEach items="${requestScope.capitals}" var="mapItem">
    <tr>
        <td>${mapItem.key}</td>
        <td>${mapItem.value}</td>
    </tr>
    </c:forEach>
```

```
    </table>
    <br/>
    <table>
       <tr style="background:#448755;color:white;font-weight:bold">
          <td>国家</td>
          <td>城市</td>
       </tr>
       <c:forEach items="${requestScope.bigCities}" var="mapItem">
       <tr>
          <td>${mapItem.key}</td>
          <td>
             <c:forEach items="${mapItem.value}" var="city"
                      varStatus="status">
                ${city}<c:if test="${!status.last}">,</c:if>
             </c:forEach>
          </td>
       </tr>
       </c:forEach>
    </table>
    </body>
    </html>
```

（4）访问 BigCitiesServlet，显示的 bigCities.jsp 页面如图 7-1 所示。

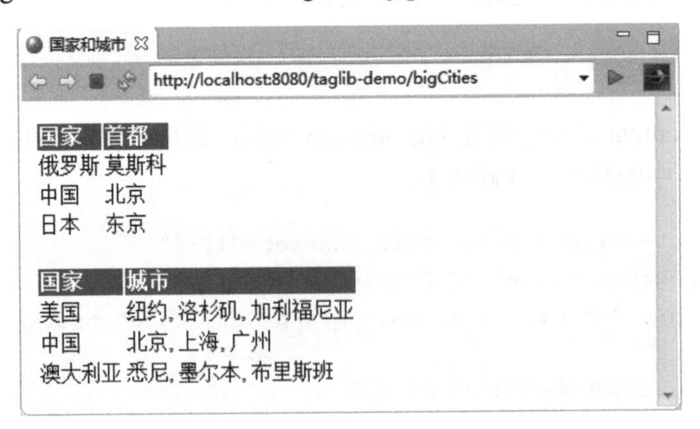

图 7-1　bigcities.jsp 页面运行结果

任务 2　学习简单自定义标签的开发

本任务开发一个简单的标签，向浏览器输出一段信息。

（1）在 taglib-demo 项目的 src 目录中创建 com.mytag 包，在该包中创建 MyFirstTag 标签处理类，该类实现 SimpleTag 接口，代码如下：

```
package com.mytag;
import java.io.IOException;
import javax.servlet.jsp.JspContext;
```

```
import javax.servlet.jsp.JspException;
import javax.servlet.jsp.tagext.JspFragment;
import javax.servlet.jsp.tagext.JspTag;
import javax.servlet.jsp.tagext.SimpleTag;
public class MyFirstTag implements SimpleTag {
    JspContext jspContext;
    public void doTag() throws IOException, JspException {
        System.out.println("执行doTag()方法");
        jspContext.getOut().print("这是我的第一个标签。");
    }
    public void setParent(JspTag parent) {
        System.out.println("执行setParent()方法");
    }
    public JspTag getParent() {
        System.out.println("执行getParent()方法");
        return null;
    }
    public void setJspContext(JspContext jspContext) {
        System.out.println("执行setJspContext()方法");
        this.jspContext = jspContext;
    }
    public void setJspBody(JspFragment body) {
        System.out.println("执行setJspBody()方法");
    }
}
```

（2）在 taglib-demo 项目的 WEB-INF 目录中创建标签库描述文件 mytaglib.tld，内容如下，其中定义了 firstTag 标签。

```
<?xml version="1.0" encoding="UTF-8"?>
<taglib xmlns="http://java.sun.com/xml/ns/j2ee"
    xmlns:xsi="http://www.w3.org/2001/XMLSchema-instance"
    xsi:schemaLocation="http://java.sun.com/xml/ns/j2ee
    web-jsptaglibrary_2_1.xsd"
    version="2.1">
    <description>Simple tag examples</description>
    <tlib-version>1.0</tlib-version>
    <short-name>My First Taglib Example</short-name>
    <uri>http://www.mydomain.com/sample</uri>
    <tag>
        <name>firstTag</name>
        <tag-class>com.mytag.MyFirstTag</tag-class>
        <body-content>empty</body-content>
    </tag>
</taglib>
```

（3）在 WebContent 目录中创建 JSP 页面 my-first-tag.jsp 使用 firstTag 标签。

```
<%@ page contentType="text/html; charset=UTF-8"
   pageEncoding="UTF-8"%>
<%@ taglib uri="http://www.mydomain.com/sample" prefix="demo"%>
<html>
<head><title>第一个标签</title>
</head>
<body>
   您好!!!! <br/>
   <demo:firstTag></demo:firstTag>
</body>
</html>
```

（4）访问 my-first-tag.jsp 页面，显示结果如图 7-2 所示，同时在控制台窗口输出有关信息。

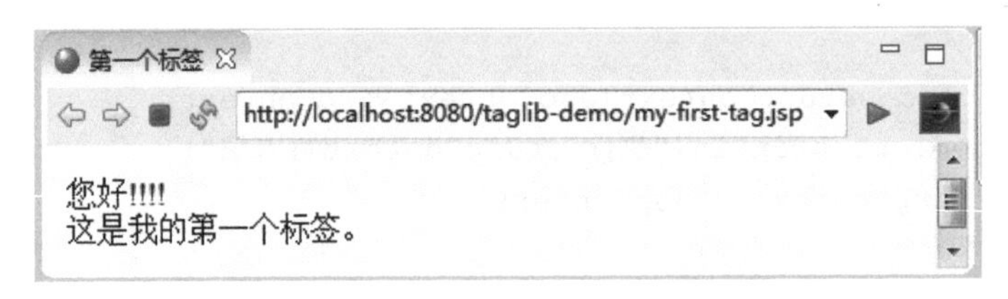

图 7-2　my-first-tag.jsp 页面运行结果

任务 3　学习带属性标签的开发

本任务开发一个带属性的标签。该标签带一个 double 型属性，标签功能是求属性 x 的平方根。

（1）在 taglib-demo 项目的 com.mytag 包中创建 MathTag 类，它继承 SimpleTagSupport 类，代码如下：

```
package com.mytag;
import java.io.*;
import javax.servlet.jsp.*;
import javax.servlet.jsp.tagext.*;
public class MathTag extends SimpleTagSupport {
    double x;
    public void setX(String x){
       double num =0;
       try{
          num = Double.parseDouble(x);
       }catch(NumberFormatException nfe){}
       this.x = num;
    }
    public void doTag() throws JspException, IOException {
```

```
            JspWriter out = getJspContext().getOut();
            out.print( x +" 的平方根是 : " + Math.sqrt(x));
    }
}
```

（2）在 TLD 文件 mytaglib.tld 中添加下面代码定义名为 sqrt 的标签：

```
<tag>
  <description>Compute Square Root</description>
  <name>sqrt</name>
  <tag-class>com.mytag.MathTag</tag-class>
  <body-content>empty</body-content>
  <attribute>
    <name>x</name>
    <required>true</required>
  </attribute>
</tag>
```

（3）在 WebContent 目录中创建 JSP 页面 math.jsp 使用 sqrt 标签，代码如下：

```
<%@ page contentType="text/html; charset=UTF-8"
    pageEncoding="UTF-8"%>
<%@ taglib uri="http://www.mydomain.com/sample" prefix="demo"%>
<html>
<head><title>sqrt标签</title></head>
<body>
    <demo:sqrt x="100"/><br>
    <demo:sqrt x="200"/><br>
    <demo:sqrt x="0"/><br>
</body></html>
```

（4）访问 math.jsp 页面，显示结果如图 7-3 所示。

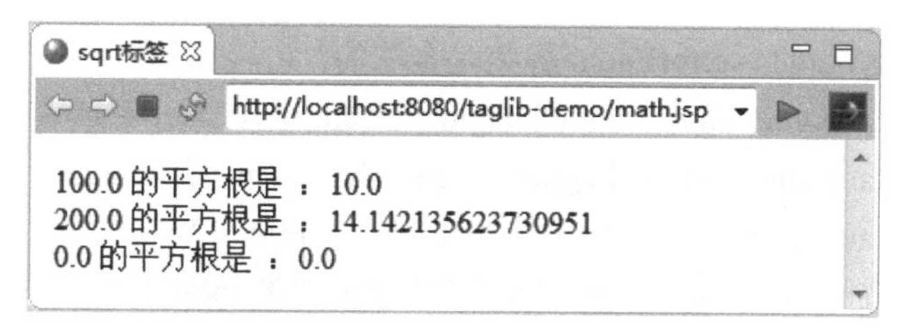

图 7-3　math.jsp 页面运行结果

7.3　思考与练习答案

1．下面哪个与<%= var %>产生的结果相同？（　　）

A．<c:set value=var />　　　　B．<c:var out=${var} />

C．<c:out value=${var} />　　　　　D．<c:out var="var" />

【答】 C。

2．下面代码的输出结果为（　　）。

```
<c:set value="3" var="a" />
<c:set value="5" var="b" />
<c:set value="7" var="c" />
${a div b}+${b mod c}
```

A．5.6　　　B．0.6+5　　　C．a div b + b mod c　　D．3 div 5 + 5 mod 7

【答】 B。div 表示除法运算，mod 表示求余运算。

3．<c:if>的哪个属性指定条件表达式？（　　）

A．cond　　　B．value　　　C．check

D．expr　　　E．test

【答】 E。<c:if>标签使用 test 属性定义条件。

4．在 JSTL 的<c:choose>标签中可以出现哪两个标签？（　　）

A．case　　　B．choose　　　C．check

D．when　　　E．otherwise

【答】 D，E。在<c:choose>标签中可以有<c:when>和<c:otherwise>子标签。

5．下面 JSP 页面中使用了 JSTL 标签，它的运行结果如何？

```
<%@ taglib uri="http://java.sun.com/jstl/core" prefix="c" %>
<html><body>
   <c:forEach var="x" begin="0" end="30" step="3">
     ${x}
   </c:forEach>
</body></html>
```

【答】 在浏览器中输出下面一行：

0 3 6 9 12 15 18 21 24 27 30

6．下面哪个 JSTL 的 <c:forEach>标签是合法的？（　　）

A．<c:forEach varName="count" begin="1" end="10" step="1">

B．<c:forEach var="count" begin="1" end="10" step="1">

C．<c:forEach test="count" beg="1" end="10" step="1">

D．<c:forEach varName="count" val="1" end="10" inc="1">

E．<c:forEach var="count" start="1" end="10" step="1">

【答】 B。<c:forEach>标签的属性有 var、begin、end、step 和 varStatus。

7．为下面各段代码填入合法的属性名或标签名。

```
① <c:forEach var="movie" items="{movieList}" [          ] ="foo">
      ${movie}
   </c:forEach>
② <c:if [          ] ="${userPref= ='safety'}" >
```

```
      Mybe you should just walk…
    </c:if>
③ <c:set var="userLevel" scope="session" [      ] ="foo"  />
④ <c:choose>
      <c:[      ] [      ] ="${userPref = = 'performance'}">
        Now you can stop even if you <em>do</em> drive insanely fast.
      </c:[      ] >
      <c:[      ] >
        Our brakes are the best.
      </c:[      ] >
    </c:choose>
```

【答】 ① varStatus，② test，③ value，④ when，test，otherwise

8．下面哪个是 SimpleTag 接口的 doTag()的返回值？（　　）

A．EVAL_BODY_INCLUDE　　B．SKIP_BODY

C．void　　D．EVAL_PAGE

【答】 C。doTag()方法的返回值是 void。

9．下面哪个类提供了 doTag()的实现？（　　）

A．TagSupport　　B．SimpleTagSupport

C．IterationTagSupport　　D．JspTagSupport

【答】 B。

10．JspContext.getOut()返回的是哪一种对象类型？（　　）

A．ServletOutputStream　　B．PrintWriter

C．BodyContent　　D．JspWriter

【答】 D。

11．下面哪个方法不能直接被 SimpleTagSupport 的子类使用？（　　）

A．getJspBody()　　B．getJspContext().getAttribute("name");

C．getParent()　　D．getBodyContent()

【答】 D。

12．简单标签的 TLD 文件的<body-content>元素内容，下面哪个是不合法的？（　　）

A．JSP　　B．scriptless　　C．tagdependent　　D．empty

【答】 A。简单标签的标签体不能包含 JSP 脚本，所以<body-content>元素内容不能是 JSP，但可以是 empty、scriptless 或 tagdependent。

13．下面哪个是合法的 taglib 指令?（　　）

A．<% taglib uri="/stats" prefix="stats" %>

B．<%@ taglib uri="/stats" prefix="stats" %>

C．<%! taglib uri="/stats" prefix="stats" %>

D．<%@ taglib name="/stats" prefix="stats" %>

【答】 B。taglib 指令包含 uri 元素和 prefix 元素。

14．下面哪个是合法的 taglib 指令?（　　）

A．<%@ taglib prefix="java" uri="sunlib"%>

B．<%@ taglib prefix="jspx" uri="sunlib"%>

C．<%@ taglib prefix="jsp" uri="sunlib"%>

D．<%@ taglib prefix="servlet" uri="sunlib"%>

E．<%@ taglib prefix="sunw" uri="sunlib"%>

F．<%@ taglib prefix="suned" uri="sunlib"%>

【答】 F。其他的名称都不能作为 taglib 指令的前缀名。

15．一个标签库有一个名为 printReport 的标签，该标签可以接受一个名为 department 的属性，它不能接受动态值。下面哪两个是该标签的正确使用?（　　）

A．<mylib:printReport/>

B．<mylib:printReport department="finance"/>

C．<mylib:printReport attribute="department" value="finance"/>

D．<mylib:printReport attribute="department"
attribute-value="finance"/>

E．<mylib:printReport>
<jsp:attribute name="department" value="finance" />
</mylib:printReport>

【答】 A，B。

16．下面哪个是将一个标签嵌套在另一个标签中的正确用法?（　　）

A．<greet:hello>
<greet:world>
</greet:hello>
</greet:world>

B．<greet:hello>
<greet:world>
</greet:world>
</greet:hello>

C．<greet:hello
<greet:world/>
/>

D．<greet:hello>
</greet:hello>
<greet:world>
</greet:world>

【答】 B。

17．一个标签库有一个名为 getMenu 的标签，该标签有一个名为 subject 的属性，该属性可以接受动态值。下面哪两个是对该标签的正确使用?（　　）

A．<mylib:getMenu />

B．<mylib:getMenu subject="finance"/>

C．<% String subject="HR";%>
<mylib:getMenu subject="<%=subject%>"/>

D．<mylib:getMenu> <jsp:param subject="finance"/> </mylib:getMenu>

E．<mylib:getMenu>
<jsp:param name="subject" value="finance"/>
</mylib:getMenu>

【答】 B，C。

18．在 web.xml 文件中的一个合法的<taglib>元素需要哪两个元素？（　　）

A. uri　　　B. taglib-uri　　　C. tagliburi

D. tag-uri　　　E. location　　　F. taglib-location

【答】 B，F。

19．考虑下面一个 Web 应用程序部署描述文件中的<taglib> 元素：

```
<taglib>
    <taglib-uri>/accounting</taglib-uri>
    <taglib-location>/WEB-INF/tlds/SmartAccount.tld</taglib-location>
</taglib>
```

下面在 JSP 页面中哪个正确指定了上述标签库的使用？（　　）

A. <%@ taglib uri="/accounting" prefix="acc"%>

B. <%@ taglib uri="/acc" prefix="/accounting"%>

C. <%@ taglib name="/accounting" prefix="acc"%>

D. <%@ taglib library="/accounting" prefix="acc"%>

【答】 A。

20．下面有三个文件分别是标签处理类、TLD 文件和 JSP 页面的部分代码，根据已有内容在方框中填上正确的内容，并指出它们之间的关系。

标签处理类 LoginTagHandler.java 部分代码如下：

```
public class LoginTagHandler{
    public void doTag(){
        //标签逻辑
    }
    public void setUser(String user){
        this.user = user;
    }
}
```

TLD 文件的部分代码如下：

```
<taglib ...>
<uri>randomthings</uri>
    <tag>
        <name>advice</name>
        <tag-class>foo.LoginTagHandler</tag-class>
        <body-content>empty</body-content>
        <attribute>
            <name>[          ]</name>
            <required>true</required>
            <rtexprvalue>[       ]</rtexprvalue>
        </attribute>
    </tag>
</taglib>
```

JSP 页面代码如下：

```
<html><body>
<%@ taglib prefix="[        ]" uri="[            ]"%>
  Login page<br>
  <mine:[          ]  user = "${foo}" />
</body><html>
```

【答】 user，true，mine，randomthings，advice

21．把下面哪个代码放入简单标签的标签体中不可能输出 9？（　　）

A．${3+3+3}　　B．"9"

C．<c:out value="9">　　D．<%=27/3>

【答】 D。简单标签的标签体中不能包含脚本元素。

第 8 章　Java Web 高级应用

本章学习 Java Web 开发的几个高级技术，包括 Web 监听器及其应用、Web 过滤器及其应用、Servlet 多线程问题及 Servlet 的异步处理。

8.1　知识点总结

（1）Web 应用程序运行过程中可能发生各种事件，如 ServletContext 事件、会话事件及请求有关的事件等，Web 容器采用监听器模型处理这些事件。Web 应用程序中的事件主要发生在三个对象上：ServletContext、HttpSession 和 ServletRequest 对象。

（2）事件的类型主要包括对象的生命周期事件和属性改变事件。生命周期事件是作用域对象创建和销毁时发生的事件；属性改变事件是在作用域对象上添加属性、删除属性或替换属性时发生的事件。

（3）处理这些事件应实现相应的监听器接口，在实现的方法中编写处理代码。要使监听器对象起作用，还必须注册监听器。

（4）在 Servlet 3.0 的容器中可以使用两种方法注册监听器，一是使用@WebListener 注解，二是在 web.xml 中使用<listener>及子元素<listener-class>注册监听器。

表 8-1 列出了所有事件类和监听器接口。

表 8-1　Web 事件类与监听器接口

监听对象	事　　件	监听器接口
ServletContext	ServletContextEvent	ServletContextListener
	ServletContextAttributeEvent	ServletContextAttributeListener
HttpSession	HttpSessionEvent	HttpSessionListener
		HttpSessionActivationListener
	HttpSessionBindingEvent	HttpSessionAttributeListener
		HttpSessionBindingListener
ServletRequest	ServletRequestEvent	ServletRequestListener
	ServletRequestAttributeEvent	ServletRequestAttributeListener
	AsyncEvent	AsyncListener

（5）过滤器（Filter）是 Web 服务器上的组件，过滤器用于拦截传入的请求或传出的响应，并监视、修改或以某种方式处理这些通过的数据流。

（6）Filter 接口是过滤器 API 的核心，所有的过滤器都必须实现该接口。该接口声明了三个方法，分别是 init()、doFilter()和 destroy()，它们是过滤器的生命周期方法。此外，还包括 FilterConfig 接口和 FilterChain 接口。

（7）@WebFilter 注解用于将一个类声明为过滤器，该注解在部署时被容器处理，容器根据具体的配置将相应的类部署为过滤器。

还可以在 web.xml 文件中使用<filter>和<filter-mapping>元素配置过滤器。每个<filter>元素向 Web 应用程序引进一个过滤器，每个<filter-mapping>元素将一个过滤器与一组请求 URI 关联。

（8）一个 Servlet 在一个时刻可能被多个用户同时访问，容器将为每个用户创建一个线程。如果 Servlet 需要共享资源，则要保证 Servlet 是线程安全的。下面是编写线程安全的 Servlet 的一些建议：

- 用方法的局部变量保存请求中的专有数据。
- 只用 Servlet 的成员变量来存放那些不会改变的数据。
- 如果 Servlet 访问外部资源，那么需要对这些资源同步。

（9）在 Servlet 3.0 中可以使用异步线程对请求进行处理，在 Servlet 中一般需要完成下面操作：

- 调用 ServletRequest 对象的 startAsync()，该方法返回 AsyncContext 对象，它是异步处理的上下文对象。
- 调用 AsyncContext 对象的 setTimeout()，传递一个毫秒时间设置容器等待指定任务完成的时间。如果没有设置超时时间，容器将使用默认时间。在指定的时间内任务不能完成将抛出异常。
- 调用 AsyncContext 对象的 start()，为其传递一个要在异步线程执行的 Runnable 对象。
- 当任务结束时在线程对象中调用 AsyncContext 对象的 complete()或 dispatch()。

8.2 实训任务

【实训目标】

学会使用各种监听器处理 Web 事件，学会过滤器的开发和配置。

任务 1　学习 ServletContextListener 监听器的使用

该任务要求实现 ServletContextListener 处理应用上下文事件，读取数据库表信息，将它们存储在应用作用域中，在 JSP 页面中访问这些数据。

（1）在 Eclipse 中新建 listener-demo 动态 Web 项目，在项目的 WEB-INF\lib 目录中添加 JSTL 库文件 taglibs-standard-impl-1.2.5.jar 和 taglibs-standard-spec-1.2.5.jar。将数据库驱动程序包 mysql-connector-java-5.1.35-bin.jar 也添加到 WEB-INF\lib 目录中。

（2）在 WebContent\META-INF 目录中创建 context.xml 文件，在其中配置数据源，代码如下：

```
<?xml version="1.0" encoding="UTF-8"?>
<Context reloadable = "true">
<Resource
   name="jdbc/webstoreDS"
```

```
    type="javax.sql.DataSource"
    maxActive="4"
    maxIdle="2"
    username="root"
    password="123456"
    maxWait="5000"
    driverClassName="com.mysql.jdbc.Driver"
    url="jdbc:mysql://127.0.0.1:3306/webstore?useSSL=true"/>
</Context>
```

（3）在 src 目录中新建 com.domain 包，在该包中创建名为 Product 的类，代码如下：

```
package com.domain;
import java.io.Serializable;
public class Product implements Serializable {
    private int id;
    private String pname;
    private String brand;
    private float price;
    private int stock;

    public Product() { }
    public Product(int id, String pname, String brand,
               float price, int stock) {
        this.id = id;
        this.pname = pname;
        this.brand = brand;
        this.price = price;
        this.stock = stock;
    }
    public int getId() {
        return id;
    }
    public void setId(int id) {
        this.id = id;
    }
    public String getPname() {
        return pname;
    }
    public void setPname(String pname) {
        this.pname = pname;
    }
    public String getBrand() {
        return brand;
    }
    public void setBrand(String brand) {
```

```
        this.brand = brand;
    }
    public float getPrice() {
        return price;
    }
    public void setPrice(float price) {
        this.price = price;
    }
    public int getStock() {
        return stock;
    }
    public void setStock(int stock) {
        this.stock = stock;
    }
}
```

（4）在 src 目录中新建 com.listener 包，在该包中创建名为 MyContextListener 的类，代码如下：

```
package com.listener;
import java.sql.*;
import javax.sql.*;
import java.time.LocalTime;
import java.util.ArrayList;
import com.domain.Product;
import javax.servlet.*;
import javax.naming.*;
import javax.servlet.annotation.WebListener;
@WebListener
public class MyContextListener  implements ServletContextListener{
    private ServletContext context = null;
    public void contextInitialized(ServletContextEvent sce){
        Context ctx = null;
        DataSource dataSource = null;
        context = sce.getServletContext();
        ArrayList<Product> productList = new ArrayList<>();
        try{
            if(ctx == null){
                ctx = new InitialContext();
            }
            dataSource = (DataSource)ctx.lookup("java:comp/env/jdbc/webstoreDS");
        }catch(NamingException ne){
            context.log("发生异常:"+ne);
        }
        try {
            Connection conn = dataSource.getConnection();
```

```
            Statement stmt = conn.createStatement();
            ResultSet rst = stmt.executeQuery("SELECT * FROM products");
            while(rst.next()) {
                Product product = new Product();
                product.setId(rst.getInt("id"));
                product.setPname(rst.getString("pname"));
                product.setBrand(rst.getString("brand"));
                product.setPrice(rst.getFloat("price"));
                product.setStock(rst.getInt("stock"));
                productList.add(product);
            }
        }catch(SQLException e) {}
        context.setAttribute("productList",productList);
        context.log("应用程序已启动: "+ LocalTime.now());
    }
    public void contextDestroyed(ServletContextEvent sce){
        context = sce.getServletContext();
        context.removeAttribute("productList");
        context.log("应用程序已关闭: "+ LocalTime.now());
    }
}
```

（5）在 WebContent 目录中创建 showProduct.jsp 页面，在该页面显示商品信息，代码如下：

```
<%@ page contentType="text/html;charset=UTF-8" %>
<%@ page import="java.sql.*,javax.sql.*" %>
<%@ taglib uri="http://java.sun.com/jsp/jstl/core" prefix="c" %>
<html><head><title>商品列表</title></head>
<body>
<table border="1">
    <caption>商品表中信息</caption>
    <tr><td>商品号</td><td>商品名</td><td>品牌</td>
        <td>价格</td><td>库存</td></tr>
    <c:forEach var="product" items="${applicationScope.productList}"
            varStatus="status">
    <%--为奇数行和偶数行设置不同的背景颜色--%>
    <c:if test="${status.count%2==0}">
        <tr style="background:#eeeeff">
    </c:if>
    <c:if test="${status.count%2!=0}">
        <tr style="background:#dedeff">
    </c:if>
    <%--用EL访问作用域变量的成员--%>
    <td>${product.id}</td>
    <td>${product.pname}</td>
```

```
            <td>${product.brand}</td>
            <td>${product.price}</td>
            <td>${product.stock}</td>
        </tr>
    </c:forEach>
    </table>
    </body>
    </html>
```

（6）重启应用程序，访问 showProduct.jsp 页面，显示结果如图 8-1 所示。

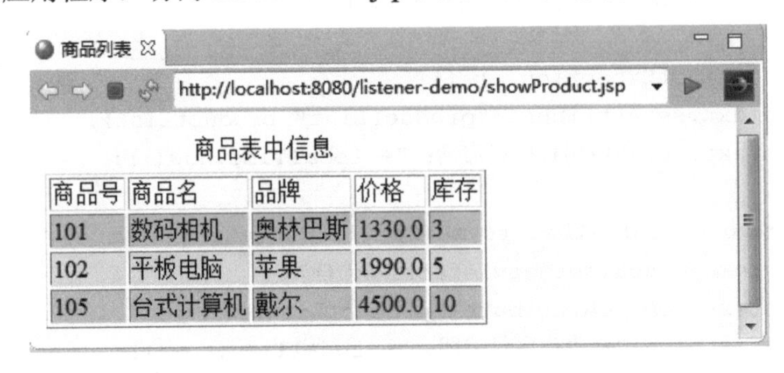

图 8-1　showProduct.jsp 页面运行结果

任务 2　学习 ServletRequestListener 监听器的使用

编写一个监听器程序，用来记录请求一个资源所花费的时间。该监听器应该实现 ServletRequestListener 接口，当请求开始时执行 requestInitialized()，当请求结束时调用 requestDestroyed()，代码如下。

（1）在项目的 com.listener 包中创建 PerformanceListener 监听器类，代码如下：

```
package com.listener;
import javax.servlet.ServletRequest;
import javax.servlet.ServletRequestEvent;
import javax.servlet.ServletRequestListener;
import javax.servlet.annotation.WebListener;
import javax.servlet.http.HttpServletRequest;
@WebListener
public class PerformanceListener implements ServletRequestListener {
    @Override
    public void requestInitialized(ServletRequestEvent sre) {
        ServletRequest servletRequest = sre.getServletRequest();
        servletRequest.setAttribute("start", System.nanoTime());
    }
    @Override
    public void requestDestroyed(ServletRequestEvent sre) {
        ServletRequest servletRequest = sre.getServletRequest();
        Long start = (Long) servletRequest.getAttribute("start");
```

```
        Long end = System.nanoTime();
        HttpServletRequest httpServletRequest =
                (HttpServletRequest) servletRequest;
        String uri = httpServletRequest.getRequestURI();
        System.out.println("请求 " + uri +
                " 花费的时间是:" + ((end - start) / 1000) + " 毫秒");
    }
}
```

（2）在 WebContent 目录中创建 todayDate.jsp，内容如下：

```
<%@ page contentType="text/html;charset=UTF-8" pageEncoding="UTF-8"%>
<%@ page import="java.time.LocalDate" %>
<%! LocalDate date = null; %>
<html><head><title>当前日期</title></head>
<body>
  <%
     date = LocalDate.now();  // 创建一个LocalDate对象
  %>
今天的日期是：<%=date.toString() %>
</body>
</html>
```

（3）重新启动服务器，访问 todayDate.jsp 页面，浏览器显示结果及控制台显示结果如图 8-2 所示。

图 8-2　todayDate.jsp 页面运行结果

任务 3　学习过滤器的使用

本任务开发一个过滤器用于改变请求编码。在前面的示例中我们遇到过修改请求字符编码解决输出乱码问题（如第 6 章的任务 2）。使用请求编码过滤器就可以避免在程序中改变请求编码。

（1）在项目中创建 com.filter 包，在该包中创建 EncodingFilter 过滤器，该 Filter 被应用在所有请求（/*），它将把所有的请求和响应的编码设置为“UTF-8”，代码如下：

```
package com.filter;
import java.io.IOException;
import javax.servlet.*;
import javax.servlet.annotation.WebFilter;
import javax.servlet.annotation.WebInitParam;

@WebFilter(filterName="EncodingFilter",urlPatterns={"/*"},
          initParams={@WebInitParam(name="encoding",value="UTF-8")}
          )
public class EncodingFilter implements Filter {
   protected String encoding = null;
   protected FilterConfig config;
   public void init(FilterConfig filterConfig) throws ServletException {
      this.config = filterConfig;
      //得到过滤器的初始化参数
      this.encoding = filterConfig.getInitParameter("encoding");
   }
   public void doFilter(
      ServletRequest request,
      ServletResponse response,
      FilterChain chain)
      throws IOException, ServletException {
      if (request.getCharacterEncoding() == null) {
         //得到指定的编码
         String encode = getEncoding();
         if (encode != null) {
            //设置request的编码
            request.setCharacterEncoding(encode);
            response.setCharacterEncoding(encode);
         }
      }
      chain.doFilter(request, response);
   }
   protected String getEncoding() {
      return encoding;
   }
   public void destroy() {
   }
}
```

（2）测试过滤器的使用。第 6 章的任务 2 中，我们在 EmployeeServlet 中将检索出的员工姓名 name 属性使用 UTF-8 进行重新编码，否则显示乱码。现在也可以将 EncodingFilter 过滤器应用到该项目中，这样就无须对请求参数重新编码。

8.3　思考与练习答案

1．Web 应用程序的哪些对象上可以发生事件，如何实现监听器接口，如何注册事件监听器？

【答】 三个对象上可发生事件：ServletContext、HttpSession 和 HttpRequest。针对不同的事件，应实现不同的监听器接口。如 ServletContextEvent 应实现 ServletContextListener 接口。注册事件监听器可以使用@WebListener 注解或在 web.xml 文件中使用<listener>元素及其子元素<listener-class>实现。

2．Web 应用程序启动时将通知应用程序的哪个事件监听器？

【答】 Web 应用程序启动时将通知 ServletContextListener 事件监听器。

3．在 Web 部署描述文件 web.xml 中注册监听器时需要使用<listener>元素，该元素的唯一子元素是（　　）。

A．<listener-name>　　　　B．<listener-class>

C．<listener-type>　　　　D．<listener-class-name>

【答】 B。

4．假设编写了一个名为 MyServletRequestListener 的类监听 ServletRequestEvent 事件，如何在部署描述文件中配置该类？

【答】

```
<listener>
   <listener-class>MyServletRequestListener</listener-class>
</listener>
```

5．下面代码是实现了 ServletRequestAttributeListener 接口的类的部分代码，且该监听器已在 DD 中注册：

```
public void attibuteAdded(ServletRequestAttributeEvent ev){
   getServletContext().log("A: "+ ev.getName()+" ->" +ev.getValue());
}
public void attibuteRemoved(ServletRequestAttributeEvent ev){
   getServletContext().log("M: "+ ev.getName()+" ->" +ev.getValue());
}
public void attibuteReplaced(ServletRequestAttributeEvent ev){
   getServletContext().log("P: "+ ev.getName()+" ->" +ev.getValue());
}
```

下面是一个 Servlet 中 doGet()的代码：

```
public void doGet(HttpServletRequest request,
              HttpServletResponse response)
        throws IOException,ServletException{
   request.setAttibute("a", "b");
```

```
    request.setAttibute("a", "c");
    request.removeAttibute("a");
}
```

试问如果客户访问该 Servlet，在日志文件中生成的内容为（　　）。

A．A: a->b　P: a->b　　　B．A: a->b　M: a->c

C．A: a->b　P: a->b　M: a->c　　　D．A: a->b　M: a->b　P: a->c　M: a->c

【答】 C。多次向请求作用域中添加同名的属性，容器将执行请求属性监听器的 attributeReplaced()方法。

6．在部署描述文件中的<filter-mapping>元素中可以使用哪三个元素？（　　）

A．<servlet-name>　　B．<filter-class>　　C．<dispatcher>

D．<url-pattern>　　E．<filter-chain>

【答】 A，C，D。

7．对于下面代码叙述正确的是（　　）。

```
public void doFilter(ServletRequest req, ServletResponse, res,
                     FilterChain chain)
              throws ServletException, IOException {
    chain.doFilter(req, res);
    HttpServletRequest request = (HttpServletRequest)req;
    HttpSession session = request.getSession();
    if (session.getAttribute("login") == null) {
      session.setAttribute("login"", new Login());
    }
}
```

A．doFilter()格式不正确，应该带的参数为 HttpServletRequest 和 HttpServletResponse

B．doFilter()应该抛出 FilterException 异常

C．chain.doFilter(req,res)调用应该为 this.doFilter(req,res,chain)

D．在 chain.doFilter()之后访问 request 对象将产生 IllegalStateException 异常

E．该过滤器没有错误

【答】 E。

8．给定下面过滤器声明：

```
<filter-mapping>
    <filter-name>FilterOne</filter-name>
    <url-pattern>/admin/*</url-pattern>
    <dispatcher>FORWARD</dispatcher>
</filter-mapping>
<filter-mapping>
    <filter-name>FilterTwo</filter-name>
    <url-pattern>/users/*</url-pattern>
</filter-mapping>
<filter-mapping>
```

```
        <filter-name>FilterThree</filter-name>
        <url-pattern>/admin/*</url-pattern>
    </filter-mapping>
        <filter-mapping>
        <filter-name>FilterTwo</filter-name>
        <url-pattern>/*</url-pattern>
    </filter-mapping>
```

在浏览器中输入请求/admin/index.jsp，将以哪个顺序调用过滤器？（　　）

A．FilterOne, FilterThree

B．FilterOne, FilterTwo, FilterThree

C．FilterTwo, FilterThree

D．FilterThree, FilterTwo

E．FilterThree

【答】 D。FilterThree 和 FilterTwo 与请求 URI 匹配，FilterOne 只匹配从内部转发的请求。

9．编写线程安全的 Servlet，下面哪个是最佳方法？（　　）

A．实现 SingleThreadModel 接口

B．对 doGet()或 doPost()同步

C．使用局部变量存放用户专有数据

D．使用成员变量存放所有数据

【答】 C。

10．下面哪种方法可在 Servlet 中启动一个异步线程?（　　）

A．调用请求对象的 startAsync()

B．调用 AsyncContext 对象的 start()

C．调用线程对象的 run()

D. 调用 AsyncContext 对象的 complete()

【答】 B。

11．简述开发支持异步线程调用的 Servlet 的一般步骤。

【答】

（1）调用 request 对象的 startAsync()返回 AsyncContext 对象，它是异步处理的上下文对象。

（2）调用 AsyncContext 对象的 setTimeout()，传递一个毫秒时间设置容器等待指定任务完成的时间。在指定的时间内任务不能完成将抛出异常。

（3）调用 AsyncContext 对象的 start()，为其传递一些要异步执行的 Runnable 对象。

（4）当任务结束时在线程对象中调用 AsyncContext 对象的 complete()或 dispatch()。

第 9 章　Web 安全性入门

本章学习 Web 安全性基本技术，包括 Web 安全性的主要机制、实施 Web 安全性的方法、声明式安全性配置以及编程式安全性的实现。

9.1　知识点总结

（1）Web 应用的安全性措施主要包括下面 4 个方面：身份验证、授权、数据保密性和数据完整性。在 Servlet 规范中定义了如下 4 种用户验证的机制：① HTTP Basic 验证；② HTTP Digest 验证；③ HTTPS Client 验证；④ HTTP FORM-based 验证。

（2）实施 Web 应用程序的安全性可以有两种方法：声明式安全和编程式安全。声明式安全是通过 web.xml 文件而不是通过程序指定安全约束。要使用声明式安全首先必须定义角色和用户，它们可以存储在文件中或数据库表中。

（3）在 Tomcat 中，角色和用户信息可以存储在 conf\tomcat-users.xml 文件中，在该文件中定义了一些角色和用户，还可以在该文件中增加或修改角色和用户以及用户和角色的映射。

（4）为 Web 资源定义安全约束是通过 web.xml 文件实现的，这里主要配置哪些角色可以访问哪些资源。安全约束的配置主要是通过<security-constraint>、<login-config>和<security-role>三个元素实现的。

（5）如果用户访问使用基本验证保护的资源，服务器首先返回 401（Unauthorized）响应消息，该消息包含一个 WWW-Authorization 头，下面是典型例子：

```
HTTP/1.1 401 Authorization Require
Servler:Apache-Coyote/1.1
Date:Wed, 21 Dec 2011 11:32:49 GMT
WWW-Authorization:Basic realm="Security Test"
```

浏览器收到上述消息后首先显示一个对话框要求用户输入用户名和密码，将其使用 Base64 算法进行编码发送到服务器，若用户名和密码正确，服务器将资源发送给用户。

（6）为了提高用户名和密码的安全性，可以使用 HTTP 摘要验证，它除了口令是以加密的方式发送的，其他与基本验证都一样，但比基本验证安全。

要使用摘要验证，应将<login-config>的<auth-method>指定为 DIGEST。

```
<login-config>
    <auth-method>DIGEST</auth-method>
    <realm-name>Digest authentication</realm-name>
```

```
    </login-config>
```

（7）基于表单的验证需要提供登录页面和错误页面，并将<login-config>的<auth-method>指定为 FORM。

```
<login-config>
    <auth-method>FORM</auth-method>
    <realm-name>Security Test</realm-name>
    <form-login-config>
        <form-login-page>/login.jsp</form-login-page>
        <form-error-page>/error.jsp</form-error-page>
    </form-login-config>
</login-config>
```

（8）编程式安全可以提供更精细的安全性管理，它主要通过请求对象的有关方法实现，这些方法包括：getRemoteUser()、isUserInRole()、authenticate()、login()和 logout()等。

9.2 实 训 任 务

【实训目标】

学会用户与角色的定义；掌握在部署描述文件 web.xml 中定义所保护的资源；学会如何配置基于表单的验证。

任务 1　学习基于声明式的基本身份验证

本任务在 Eclipse 中完成有关安全设置，假设在 Eclipse 中配置了 Tomcat 服务器，具体步骤如下。

（1）在 Eclipse 的 Project Explore 窗口中，展开 Servers 节点，图 9-1 显示了 Tomcat 服务器的配置文件。

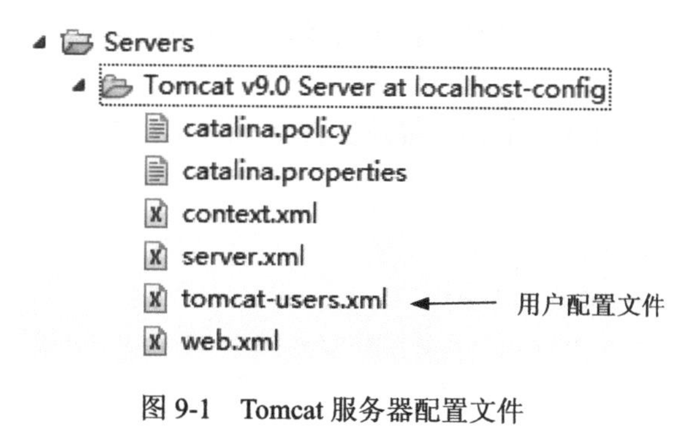

图 9-1　Tomcat 服务器配置文件

（2） 双击 tomcat-users.xml 文件，打开用户配置文件，在其中<tomcat-users>元素内添加下面的角色和用户的定义：

```
<role rolename="manager"/>
```

```
<role rolename="member"/>
<user name="mary" password="mmm" roles="manager,member" />
<user name="bob" password="bbb" roles="member" />
```

这里增加了两个角色 manager 和 member，增加了两个用户 mary 和 bob，其中 mary 具有 manager 和 member 角色。

注意：修改了用户配置文件后需要重新启动 Tomcat。

（3）在 Eclipse 中，新建名为 security-demo 的动态 Web 项目，在项目 src 目录中新建 com.demo 包，在该包中编写一个 SampleServlet 作为资源，代码如下：

```
package com.demo;
import java.io.IOException;
import javax.servlet.ServletException;
import javax.servlet.RequestDispatcher;
import javax.servlet.annotation.WebServlet;
import javax.servlet.http.HttpServlet;
import javax.servlet.http.HttpServletRequest;
import javax.servlet.http.HttpServletResponse;

@WebServlet(urlPatterns={"/sample-servlet"})
public class SampleServlet extends HttpServlet{
   public void doGet(HttpServletRequest request,
                HttpServletResponse response)
                 throws IOException,ServletException {
       RequestDispatcher rd =
           request.getRequestDispatcher("/jsp/demo.jsp");
       rd.forward(request, response);
   }
}
```

（4）在 WebContent 目录中新建 jsp 子目录，在其中创建一个简单的名为 demo.jsp 的页面。

（5）修改 WEB-INF 目录中的部署描述文件 web.xml，定义所保护的资源。在 web.xml 中添加下面的安全配置：

```
<security-constraint>
   <web-resource-collection>
      <web-resource-name>JSP pages</web-resource-name>
      <url-pattern>*.jsp</url-pattern>      ← 指定所有 JSP 都受限
   </web-resource-collection>
   <auth-constraint />
</security-constraint>

<security-constraint>
```

```
    <web-resource-collection>
      <web-resource-name>sample servlet</web-resource-name>
      <url-pattern>/sample-servlet</url-pattern>
    </web-resource-collection>
    <auth-constraint>
      <role-name>manager</role-name>
      <role-name>member</role-name>
    </auth-constraint>
    <user-data-constraint>
      <transport-guarantee>NONE</transport-guarantee>
    </user-data-constraint>
  </security-constraint>

  <login-config>
    <auth-method>BASIC</auth-method>
    <realm-name>Security Test</realm-name>
  </login-config>
```

指定 sample-servlet 访问受限

使用基本身份验证

（6）启动浏览器（这里使用谷歌浏览器）访问 SampleServlet，首先显示标准对话框，如图 9-2 所示，提示输入用户名和密码（mary 和 mmm），若输入正确，显示正常页面，否则显示错误页面。

图 9-2　标准验证对话框

任务 2　学习基于表单的验证配置方法

本任务在任务 1 的基础上通过表单验证机制实现安全性。即需要我们自己定义登录页面和错误处理页面，具体步骤如下。

（1）在 WebContent 目录中建立名为 login.jsp 的登录页面，代码如下。注意，表单的 action 属性值必须为“j_security_check”，用户名输入域的 name 属性值必须为“j_username”，密码输入域的 name 属性值必须为 “j_password”。

```
<%@ page contentType="text/html;charset=UTF-8" %>
```

```
<html><head>
<title>登录页面</title></head>
<body bgcolor="white">
<p>请您输入用户名和口令：</p>
<form method="POST" action="j_security_check">
  <table>
    <tr>
      <td>用户名：</td>
      <td><input type="text" name="j_username"><td>
    </tr>
    <tr>
      <td>密  码：</td>
      <td><input type="password" name="j_password"></td>
    </tr>
    <tr>
      <td><input type="submit" value="登录"></td>
      <td><input type="reset" value="重置"></td>
    </tr>
  </table>
</form>
</body>
</html>
```

（2）在 WebContent 目录中建立名为 error.jsp 的错误页面，代码如下：

```
<%@ page contentType="text/html;charset=UTF-8"%>
<html>
<body>
   <p style="color:red">对不起，你的用户名和口令不正确！</p>
</body>
</html>
```

（3）修改 WEB-INF\web.xml 文件，指定采用基于表单的验证方法，用下面代码替换原来的<login-config>元素。

```
<login-config>
    <auth-method>FORM</auth-method>          ← 使用基于表单的身份验证
    <realm-name>Security Test</realm-name>
    <form-login-config>
        <form-login-page>/login.jsp</form-login-page>
        <form-error-page>/error.jsp</form-error-page>
    </form-login-config>
</login-config>
```

（4）重新启动 Tomcat 服务器，访问 SampleServlet，由于该 Servlet 是访问受限资源，所以首先显示用户定制的 login.jsp 页面，输入正确的用户名和密码，则显示请求的资源，否则显示错误页面 error.jsp。

9.3 思考与练习答案

1．假如要进入一栋大楼，需要向保卫人员出示有关证件，这属于哪方面的安全问题？（　　）

A．授权　　B．数据保密性

C．身份验证　　D．数据完整性

【答】C。Web 应用的安全性主要包括 4 个方面：① 身份验证；② 授权；③ 数据完整性；④ 数据保密性。进入大楼出示证件属于身份验证。

2．在 4 种验证用户的机制中，安全性最高的是（　　）。

A．HTTP Basic 验证　　B．HTTP Digest 验证

C．HTTPS Client 验证　　D．HTTP FORM-based 验证

【答】C。验证用户的机制包括：① HTTP 基本验证。优点：实现简单。缺点：用户名和口令没有加密。② HTTP 摘要验证。优点：用户名和口令加密，比基本验证安全。③ HTTPS 客户证书验证。优点：是最安全的。缺点：需要授权机构的证书。④ 基于表单的验证。优点：实现容易。缺点：用户名和口令不加密。

3．下面哪一条正确地定义了数据完整性？（　　）

A．它保证信息只能被某些用户访问

B．它保证信息在服务器上以加密的形式保存

C．它保证信息在客户和服务器之间传输时不被恶意的用户读取

D．它保证信息在客户和服务器之间传输时不被修改

【答】D。

4．在 Web 应用程序部署描述文件中下面哪个元素用来指定验证方法？（　　）

A．security-constraint　　B．auth-constraint

C．login-config　　D．web-resource-collection

【答】C。

5．下面哪三个元素用来定义安全约束（只选择是<security-constraint>元素直接子元素的元素）？（　　）

A．login-config　　B．role-name

C．role　　D．transport-guarantee

E．user-data-constraint　　F．auth-constraint

G．authorization-constraint　　H．web-resource-collection

【答】E，F，H。

6．在下面哪两个 web.xml 文件片段能正确标识 sales 目录下的所有 HTML 文件？（　　）

A．
```
<web-resource-collection>
    <web-resource-name>reports</web-resource-name>
    <url-pattern>/sales/*.html</url-pattern>
```

</web-resource-collection>

B. <resource-collection>

<web-resource-name>reports</web-resource-name>
<url-pattern>/sales/*.html</url-pattern>

</resource-collection>

C. <resource-collection>

<resource-name>reports</resource-name>
<url-pattern>/sales/*.html</url-pattern>

</resource-collection>

D. <web-resource-collection>

<web-resource-name>reports</web-resource-name>
<url-pattern>/sales/*.html</url-pattern>
<http-method>GET</http-method>

</web-resource-collection>

【答】 A，D。

7．下面关于验证机制的叙述哪两个是正确的？（　　）

A．HTTP Basic 验证传输的用户名和密码是以明文传输的

B．HTTP Basic 验证使用 HTML 表单获得用户名和口令

C．Basic 和 FORM 机制验证的传输方法是相同的

D．Basic 和 FORM 机制获得用户名和口令的方法是相同的

【答】 A，C。

8．假设 Web 应用程序要采用基于表单的验证机制，下面是登录页面的部分代码和 web.xml 文件的部分代码，请在方框中填上正确的内容。

登录页面代码如下：

```
Please input your name and password:
<form method="post" action = [          ] >
  <input type = "text" name = [          ] >
  <input type = "password" name = "j_password" >
  <input type = "submit" value="Enter" >
</form>
```

web.xml 文件代码如下：

```
<login-config>
  <auth-method> [          ] </auth-method>
  <form-login-config>
  < [          ]>/loginPage.jsp< [          ]>
  <form-error-page>/errorPage.jsp</form-error-page>
</form-login-config>
</login-config>
```

【答】 ① j_security_check，② j_username，③ FORM，④ form-login-page，⑤/form-login-page。

9. 关于未验证的用户，下面哪两个叙述是正确的？（　　）

A. HttpServletRequest.getUserPrincipal()返回 null

B. HttpServletRequest.getUserPrincipal()抛出 SecurityException 异常

C. HttpServletRequest.isUserInRole(rolename)返回 false

D. HttpServletRequest.getRemoteUser()抛出 SecurityException 异常

【答】 A，C。

10. 假设一个 Servlet 使用下面注解标注，下面的描述哪个是正确的？（　　）

```
@ServletSecurity(
    value=@HttpConstraint(rolesAllowed = "manager"),
    httpMethodConstraints = {@HttpMethodConstraint(value = "GET")}
)
```

A. 只有具有 manager 角色的用户通过 GET 方法访问该 Servlet

B. 只用用户名为 manager 的用户可通过 GET 方法访问 Servlet

C. 有 manager 角色的用户不能用 GET 方法访问 Servlet

D. 除 manager 外的所有用户都不能用 GET 方法访问 Servlet

【答】 A。

11. 试比较 Web 应用程序的声明式的安全性与编程式的安全性有何异同？

【答】 声明式安全是在部署 Web 应用时通过 web.xml 配置的，而在资源或 Servlet 中并不涉及安全信息。这种方式的优点是实现了应用程序的开发者和部署者的分离。编程式的安全是在 Servlet 中包含与安全相关的代码，这种方法可实现更精细的安全。

第10章　AJAX技术基础

本章学习AJAX技术，它实现客户浏览器与服务器的异步交互，包括XMLHttpRequest对象的使用以及AJAX的常用应用。

10.1　知识点总结

（1）AJAX是英文Asynchronous JavaScript and XML的缩写，意思为异步JavaScript与XML。作为一种客户端技术，AJAX应用实现客户浏览器与服务器的异步交互。

（2）AJAX实际上是包含多种技术的一种综合技术，其中包括JavaScript脚本、XHTML、CSS、DOM、XML、XSTL以及最重要的XMLHttpRequest对象。

（3）XMLHttpRequest是AJAX技术中的核心对象，它用于在后台与服务器交换数据。这意味着可以在不重新加载整个网页的情况下，对网页的某部分进行更新。通过JavaScript脚本可以创建XMLHttpRequest对象。

（4）所有现代浏览器均内建XMLHttpRequest对象。首先检查浏览器是否支持XMLHttpRequest对象。如果支持，则创建XMLHttpRequest对象，如果不支持，则创建ActiveXObject。

```
var xmlHttp;
function createXMLHttpRequest(){
   if(window.XMLHttpRequest){
      xmlHttp = new XMLHttpRequest();
   }else if(window.ActiveXObject){
      xmlHttp = new ActiveXObject("Microsoft.XMLHTTP");
   }
}
```

（5）XMLHttpRequest对象通过各种属性和方法为客户提供服务。常用的属性有status、onreadystatechange、readyState、responseText、responseXML等，常用的方法有open()、send()等。通过这些属性和方法就可以向服务器发出异步请求和处理响应结果。

（6）AJAX的交互模式从客户触发事件开始，然后创建XMLHttpRequest对象。在向服务器发出请求之前，应该通过XMLHttpRequest对象的onreadystatechange属性设置回调函数。当XMLHttpRequest对象的状态改变时调用回调函数处理响应。

```
function startRequest() {
   createXMLHttpRequest();
   xmlHttp.onreadystatechange = handleStateChange;
```

```
    xmlHttp.open("GET", "simpleResponse.xml", true);
    xmlHttp.send(null);
}
```

这里 handleStateChange 就是回调函数，通过回调函数可以对响应结果进行处理。在回调函数中首先应该检查 XMLHttpRequest 对象的 readyState 属性和 status 属性的值。当 readyState 属性值为 4、status 属性的值为 200 时表示响应完成，这时才能使用 XMLHttpRequest 对象的 responseText 或 responseXML 检索请求结果。例如，下面是一个回调函数：

```
function handleStateChange() {
    if(xmlHttp.readyState == 4) {
        if(xmlHttp.status == 200) {
            alert("The server replied with: " + xmlHttp.responseText);
        }
    }
}
```

10.2 实 训 任 务

【实训目标】

学会 XMLHttpRequest 对象的创建和使用，学习 XMLHttpRequest 的属性和常用方法的使用。

任务 1　学习用 AJAX 技术检查邮箱注册

本任务编写一个使用邮箱的注册页面，邮箱信息存储在数据库中，用户用邮箱注册，当焦点离开文本框时引发一个动作，通过 AJAX 技术向服务器发送请求，检查该邮箱名是否已被使用，若是给出提示，否则可以注册。

（1）在 MySQL 数据库 webstore 中，新建一个 emailtab 表，其中包含两个字段 email 和 password 分别表示邮箱地址和密码。同时向表中插入一条记录，语句如下：

```
create table emailtab(
    email VARCHAR(20) NOT NULL PRIMARY KEY,
    password VARCHAR(8)
);
INSERT INTO emailtab VALUES('shenzegang@tom.com','123456');
```

（2）在 Eclipse 中，新建一个 ajax-demo 动态 Web 项目。将 MySQL 数据库驱动程序包复制到 WEB-INF\lib 目录中。

（3）在 WebContent 目录中新建 register.jsp 页面，内容如下：

```
<%@ page contentType="text/html; charset=UTF-8"
```

```
    pageEncoding="UTF-8"%>
<html>
<head><title>用户注册</title>
<script type="text/javascript">
   var xmlHttp;
   function createXMLHttpRequest() {
      if (window.ActiveXObject) {
         xmlHttp = new ActiveXObject("Microsoft.XMLHTTP");
      } else if (window.XMLHttpRequest) {
         xmlHttp = new XMLHttpRequest();
      }
   }

   function validate() {
      createXMLHttpRequest();
      var myemail = document.getElementById("myemail");
      var url = "validation.do?myemail=" + escape(myemail.value);
      xmlHttp.open("GET", url, true);
      xmlHttp.onreadystatechange = handleStateChange;
      xmlHttp.send(null);
   }

   function handleStateChange() {
      if(xmlHttp.readyState == 4){
         if(xmlHttp.status == 200){
            var message = xmlHttp.responseXML.
                getElementsByTagName("message")[0].firstChild.data;
            var messageArea = document.getElementById("results");
           messageArea.innerHTML = "<p>" + message + "</p>";
        }
      }
   }
</script>
</head>
<body>
<form action="register.action" method="post">
<p>个人用户注册</p>
<table>
<tr>
   <td>*我的邮箱：</td>
   <td><input type="text" id="myemail" size="20" onblur="validate();"></td>
</tr>
<tr>
   <td></td>
   <td><div id="results">请输入邮箱地址作为登录账号</div></td>
```

```
    </tr>

    <tr>
        <td>*请输入密码：</td>
        <td><input type="text" id="password" size="20"></td>
    </tr>
    <tr>
        <td><input type="submit" name="submit" value="提交"></td>
        <td><input type="reset" name="reset" value="重置"></td>
        <td></td>
    </tr>
    </table>
    </form>
    </body>
    </html>
```

当用户输入邮箱焦点离开文本框时调用 validate()函数，该函数向 ValidationServlet 发送请求检查该邮箱地址是否被使用，若已被使用则向客户返回信息。

（4）在 src 目录中新建 com.demo 包，在该包中新建 ValidationServlet，它用来响应客户的异步请求，内容如下：

```
package com.demo;
import java.io.*;
import javax.servlet.*;
import javax.servlet.http.*;
import javax.servlet.annotation.WebServlet;
import java.sql.*;

@WebServlet(name = "validationServlet", urlPatterns = { "/validation.do" })
public class ValidationServlet extends HttpServlet{
   Connection dbconn = null;
   public void init() {
      String driver = "com.mysql.jdbc.Driver";
      String dburl = "jdbc:mysql://127.0.0.1:3306/webstore?useSSL=true";
      String username = "root";
      String password = "123456";
      try{
         Class.forName(driver);
         dbconn = DriverManager.getConnection(
                              dburl,username,password);
      }catch(ClassNotFoundException e1){
         System.out.println(e1);
      }catch(SQLException e2){}
   }
```

```
    public void doGet(HttpServletRequest request,
                  HttpServletResponse response)
              throws ServletException,IOException{
       response.setContentType("text/xml;charset=UTF-8");
       response.setHeader("Cache-Control","no-cache");

       String message = "该邮箱可以被使用";
       String myemail = request.getParameter("myemail");
       String sql = "SELECT * FROM emailtab WHERE email=?";
       try{
          PreparedStatement pstmt = dbconn.prepareStatement(sql);
          pstmt.setString(1, myemail);
          ResultSet rst = pstmt.executeQuery();
          if(rst.next())
            message = "该邮箱已被使用，请更换其他邮箱！";
       }catch(SQLException sqle){
         System.out.println(sqle);
       }
       // 向客户发送XML响应数据
       PrintWriter out = response.getWriter();
       out.println("<response>");
       out.println("<message>"+message+"</message>");
       out.println("</response>");
    }
}
```

（5）访问 register.jsp 页面，如图 10-1 所示。如果输入邮箱在数据库表中存在，则给出返回信息。提示：本应用并没有实现向数据库中插入数据行的功能。

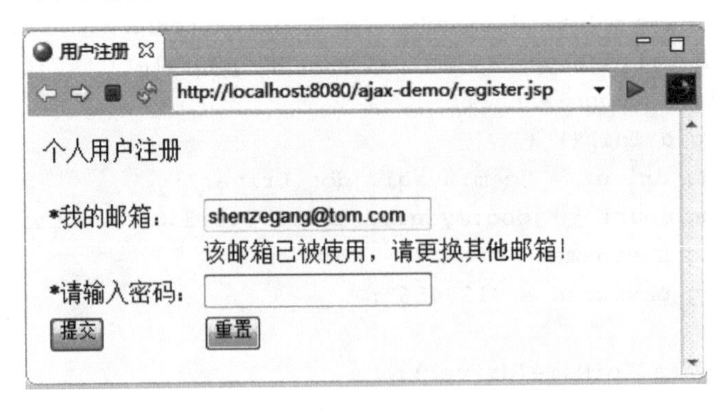

图 10-1　register.jsp 页面运行结果

任务 2　学习用 AJAX 动态更新 Web 页面

下面例子通过 Web 页面输入客户信息，单击“添加”按钮，将这些数据提交到服务器，在这里可将它们存储到数据库中。服务器发送一个状态码向浏览器作出响应，指示数据库操作是否成功。假设数据库成功插入，浏览器会使用 DOM 操作客户信息动态更新页面内容。这个例子中还创建了“删除”按钮，可从数据库中删除客户信息。

（1）在 ajax-demo 项目的 WebContent 目录中创建 customerList.html 文档，它显示一个表单，用户单击“添加”按钮将调用 addCustomer()函数，该函数使用 createAddQueryString 来建立查询串，其中包括用户输入的客户姓名、邮件地址和电话号码信息。创建 XMLHttpRequest 对象并设置 onreadystatechange 事件处理程序后，请求提交到服务器。

```
<!DOCTYPE html>
<html>
<head>
    <meta charset="UTF-8">
    <title>显示客户列表</title>
<script type="text/javascript">
    var xmlHttp;
    var custName;
    var email;
    var phone;
    var deleteID;
    var PREFIX = "cust-";
function createXMLHttpRequest() {
    if (window.XMLHttpRequest) {
        xmlHttp = new XMLHttpRequest();
    }else if (window.ActiveXObject) {
        xmlHttp = new ActiveXObject("Microsoft.XMLHTTP");
    }
}
function addCustomer() {
    custName = document.getElementById("custName").value;
    email = document.getElementById("email").value;
    phone = document.getElementById("phone").value;
    action = "add";
    if(custName == "" || email == "" || phone == "") {
        return;
    }
    var url = "customerList.do?"
        + createAddQueryString(custName, email, phone, "add")
        + "&ts=" + new Date().getTime();
    createXMLHttpRequest();
    xmlHttp.onreadystatechange = handleAddStateChange;
    xmlHttp.open("GET", url, true);
    xmlHttp.send(null);
}

function createAddQueryString(custName, email, phone, action) {
    var queryString = "custName=" + custName
```

```
            + "&email=" + email
            + "&phone=" + phone
            + "&action=" + action;
        return queryString;
    }

    function handleAddStateChange() {
        if(xmlHttp.readyState == 4) {
            if(xmlHttp.status == 200) {
                updateCustomerList();
                clearInputBoxes();
            } else {
                alert("添加客户错误！");
            }
        }
    }
    function clearInputBoxes() {
        document.getElementById("custName").value = "";
        document.getElementById("email").value = "";
        document.getElementById("phone").value = "";
    }

    function deleteCustomer(id) {
        deleteID = id;
        var url = "customerList.do?action=delete"
            + "&id=" + id
            + "&ts=" + new Date().getTime();
        createXMLHttpRequest();
        xmlHttp.onreadystatechange = handleDeleteStateChange;
        xmlHttp.open("GET", url, true);
        xmlHttp.send(null);
    }

    function updateCustomerList() {
        var responseXML = xmlHttp.responseXML;
        var status = responseXML.getElementsByTagName("status")[0]
                    .firstChild.nodeValue;
        status = parseInt(status);
        if(status != 1) {
            return;
        }
        var row = document.createElement("tr");
        var uniqueID = responseXML.getElementsByTagName("uniqueID")[0]
                    .firstChild.nodeValue;
        row.setAttribute("id", PREFIX + uniqueID);
```

```
    row.appendChild(createCellWithText(custName));
    row.appendChild(createCellWithText(email));
    row.appendChild(createCellWithText(phone));

    var deleteButton = document.createElement("input");
    deleteButton.setAttribute("type", "button");
    deleteButton.setAttribute("value", "删除");
    deleteButton.onclick = function () { deleteCustomer(uniqueID); };
    cell = document.createElement("td");
    cell.appendChild(deleteButton);
    row.appendChild(cell);
    document.getElementById("customerList").appendChild(row);
    updateCustomerListVisibility();
}

function createCellWithText(text) {
    var cell = document.createElement("td");
    cell.appendChild(document.createTextNode(text));
    return cell;
}

function handleDeleteStateChange() {
    if(xmlHttp.readyState == 4) {
        if(xmlHttp.status == 200) {
            deleteCustomerFromList();
        } else {
            alert("删除客户错误！");
        }
    }
}
function deleteCustomerFromList() {
    var status =xmlHttp.responseXML.getElementsByTagName("status")[0]
            .firstChild.nodeValue;
    status = parseInt(status);
    if(status != 1) {
        return;
    }
    var rowToDelete = document.getElementById(PREFIX + deleteID);
    var customerList = document.getElementById("customerList");
    customerList.removeChild(rowToDelete);
    updateCustomerListVisibility();
}

function updateCustomerListVisibility() {
    var customerList = document.getElementById("customerList");
```

```
        if(customerList.childNodes.length > 0) {
            document.getElementById("customerListSpan").style.display = "";
        }
        else {
            document.getElementById(
                  "customerListSpan").style.display = "none";
        }
    }
    </script>
    </head>
    <body>
        <h4>请输入客户信息</h4>
        <form action="#">
            <table border="0">
                <tr><td>客户名：</td>
                      <td><input type="text" id="custName"/></td></tr>
                <tr><td>邮箱地址：</td>
                      <td><input type="text" id="email"/></td></tr>
                <tr><td>电话：</td><td><input type="text" id="phone"/></td></tr>
                <tr><td><input type="button" value="添加" onclick="addCustomer();"/>
                    </td>
                </tr>
            </table>
        </form>
        <span id="customerListSpan" style="display:none;">
        <h4>客户信息如下：</h4>
        <table border="1">
           <tbody id="customerList"></tbody>
        </table>
        </span>
    </body>
    </html>
```

（2）在 src 的 com.demo 包中创建 CustomerListServlet，当服务器接收到请求时调用它的 doGet()方法，在该方法中根据 action 请求参数的值确定调用哪个方法，若是增加信息，将调用 addCustomer()，若是删除信息则调用 deleteCustomer()。

```
package com.demo;
import java.io.*;
import java.util.Random;
import javax.servlet.*;
import javax.servlet.http.*;
import javax.servlet.annotation.WebServlet;

@WebServlet(name ="customerList", urlPatterns={"/customer-list" })
```

```
public class CustomerListServlet extends HttpServlet {
   protected void addCustomer(HttpServletRequest request,
                       HttpServletResponse response)
                     throws ServletException, IOException {
      //可将对象存储到数据库中
      String uniqueID = storeCustomer();
      //创建响应XML
      StringBuffer xml = new StringBuffer("<result><uniqueID>");
      xml.append(uniqueID);
      xml.append("</uniqueID>");
      xml.append("<status>1</status>");
      xml.append("</result>");
      //向浏览器发送响应
      sendResponse(response, xml.toString());
   }
   protected void deleteCustomer(HttpServletRequest request,
                          HttpServletResponse response)
                        throws ServletException, IOException{
      String id = request.getParameter("id");
      //可将客户从数据库中删除
      //创建响应XML
      StringBuffer xml = new StringBuffer("<result>");
      xml.append("<status>1</status>");
      xml.append("</result>");
      //向浏览器发送响应
      sendResponse(response, xml.toString());
   }

   protected void doGet(HttpServletRequest request,
                    HttpServletResponse response)
                    throws ServletException, IOException {
      String action = request.getParameter("action");
      if(action.equals("add")) {
         addCustomer(request, response);
      }
      else if(action.equals("delete")) {
         deleteCustomer(request, response);
      }
   }

   private String storeCustomer() {
      //这里可将客户对象保存到数据库中
      String uniqueID = "";
      Random randomizer = new Random(System.currentTimeMillis());
      for(int i = 0; i < 8; i++) {
```

```
            uniqueID += randomizer.nextInt(9);
        }
        return uniqueID;
    }
    private void sendResponse(HttpServletResponse response,
            String responseText) throws IOException {
        response.setContentType("text/xml");
        response.getWriter().println(responseText);
    }
}
```

（3）访问 customerList.html 文档，在显示的页面中输入客户信息，单击“添加”按钮，客户信息将在下面列出，单击“删除”按钮，客户信息将从列表中删除，如图 10-2 所示。

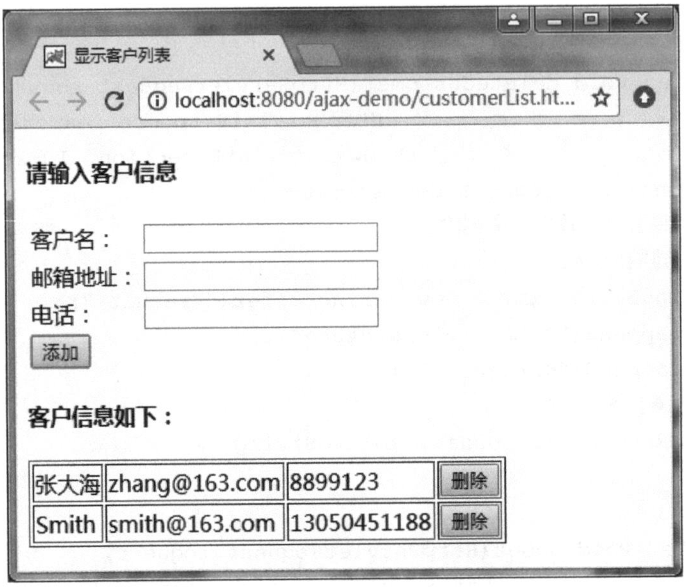

图 10-2　动态更新 Web 页面

在实际应用中，storeCustomer()很可能调用数据库服务，由它处理数据库插入的具体细节。在这个例子中，storeCustomer()模拟数据库插入，其方法是生成一个随机的唯一 ID，模拟实际数据库插入可能返回的 ID。生成的唯一 ID 再返回给 addCustomer()。

10.3　思考与练习答案

1．什么是 AJAX？它主要实现什么功能？

【答】 AJAX 是英文 Asynchronous JavaScript and XML 的缩写，意思为异步 JavaScript 与 XML。该技术主要实现客户与服务器的异步通信，实现页面的部分刷新。

2．如何创建 XMLHttpRequest 对象？

【答】 可通过跨浏览器的 JavaScript 脚本创建 XMLHttpRequest 对象。

```
var xmlHttp;
function createXMLHttpRequest(){
   if(window.XMLHttpRequest){
      xmlHttp = new XMLHttpRequest();
   } else if(window.ActiveXObject){
      xmlHttp = new ActiveXObject("Microsoft.XMLHTTP");
   }
}
```

3. 调用 XMLHttpRequest 对象的哪个方法向服务器发出异步请求？（ ）

A. send()　　B. open()

C. getRequestHeader()　　D. abort()

【答】 A。

4. 使用 XMLHttpRequest 对象的哪个属性可以得到从服务器返回的 XML 数据？（ ）

A. responseText　　B. responseXML

C. responseBody　　D. statusTex

【答】 B。

5. 若返回文档中由 id 指定的元素，应该使用文档对象 element 的什么方法？（ ）

A. getElementByTagName()　　B. getElementById()

C. getAttribute()　　D. hasChildNodes()

【答】 B。

第 11 章　Struts 2 框架基础

本章学习 Struts 2 框架的基础知识，包括 Struts 2 框架的组成和开发步骤、动作类的创建、配置文件、OGNL 及常用标签、输入校验以及国际化处理。

11.1　知识点总结

（1）Struts 2 是基于 MVC 设计模式的 Web 应用开发框架，它主要包括控制器、Action 对象、视图 JSP 页面和配置文件等。

- 控制器：由过滤器、拦截器或 Action 组件实现。
- 模型：由 JavaBeans 实现，它可实现业务逻辑。
- 视图：由 JSP 页面实现，也可以由 Velocity Template、FreeMarker 或其他表示层技术实现。
- 配置文件：提供 struts.xml 配置文件，使用它来配置应用程序中的组件。
- Struts 2 标签：提供了一个功能强大的标签库，该库提供了大量标签，使用这些标签可以简化 JSP 页面的开发。

（2）在 Struts 中一切活动都是从用户触发动作开始的，用户触发动作有多种方式：在浏览器的地址栏中输入一个 URL，单击页面的一个链接，填写表单并单击提交按钮。所有这些操作都可以触发一个动作。

（3）动作类的任务就是处理用户动作，它充当控制器。当发生一个用户动作时，请求将经由过滤器发送到 Action 动作类。Struts 将根据配置文件 struts.xml 中的信息确定要执行 Action 对象的哪个方法。通常是调用 Action 对象的 execute()执行业务逻辑或数据访问逻辑，Action 类执行后根据结果选择一个资源发送给客户。资源通常是 JSP 页面。动作类可以实现 Action 接口，但通常继承 ActionSupport 类。

（4）配置文件用来建立动作 Action 类与视图的映射关系。当客户请求 URL 与某个动作名匹配时，Struts 将使用 struts.xml 文件中的映射处理请求。动作映射在 struts.xml 文件中使用<action>标签定义。在该文件中为每个动作定义一个映射，Struts 根据动作名确定执行哪个 Action 类，根据 Action 类的执行结果确定请求转发到哪个视图页面。

（5）OGNL（Object-Graph Navigation Language）称为对象-图导航语言，它是一种简单的、功能强大的表达式语言。使用 OGNL 表达式语言可以访问存储在 ValueStack 和 ActionContext 中的数据。

访问 ValueStack 中的数据可用 Struts 的下面语法：

```
<s:property value="[0].user.username"/>
<s:property value="user.username"/>
<s:property value="[0]['message']"/>
```

Stack Context 中包含下列对象：application、session、request、parameters、attr。这些对象的类型都是 Map，可在其中存储“键/值”对数据。

访问 Stack Context 中的对象需要给 OGNL 表达式加上一个前缀字符“#”，“#”相当于 ActionContext.getContext()，可以使用以下几种形式之一：

```
#object.propertyName
#object['propertyName']
#object["propertyName"]
```

（6）Struts 2 框架提供了一个标签库，使用这些标签很容易地在页面中动态访问数据，创建动态响应。Struts 2 的标签可以分为两大类：通用标签和用户界面（UI）标签，如表 11-1 所示。

表 11-1　Struts 2 的常用标签

标签分类		标　　签
通用标签	数据标签	a、action、bean、date、debug、i18n、include、param、push、set、text、url、property
	控制标签	if、elseif、else、append、generator、iterator、merge、sort、subset
UI 标签	表单标签	checkbox、checkboxlist、combobox、doubleselect、file、form、hidden、label、optiontransferselect、optgroup、password、radio、reset、select、submit、textarea、textfield、token、updownselect
	非表单标签	actionerror、actionmessage、component、fielderror、table、
	AJAX 标签	a、autocompleter、datetimepicker、div、head、submit、tabbedPanel、tree、treenode

要使用 Struts 2 的标签，应该使用 taglib 指令导入标签库：

```
<%@ taglib prefix="s" uri="/struts-tags" %>
```

（7）通常需要编写有关代码实现输入数据校验，在 Struts 2 中有多种方法实现用户输入校验。

- 使用 Struts 2 校验框架。这种方法是基于 XML 的简单的校验方法，可以对用户输入数据自动校验，甚至可以使用相同的配置文件产生客户端脚本。
- 在 Action 类中执行校验。这是最强大和灵活的方法。Action 中的校验可以访问业务逻辑和数据库等。但是，这种校验可能需要在多个 Action 中重复代码，并要求自己编写校验规则。而且，需要手动将这些条件映射到输入页面。
- 使用注解实现校验。可以使用 Java 5 的注解功能定义校验规则，这种方法的好处是不用单独编写配置文件，所配置的内容和 Action 类放在一起，这样容易实现 Action 类中的内容和校验规则保持一致。
- 客户端校验。客户端校验通常是指通过浏览器支持的各种脚本来实现用户输入校验，这其中最经常使用的就是 JavaScript。在 Struts 2 中可以通过有关标签产生客户端 JavaScript 校验代码。

（8）Web 应用程序可被来自世界不同国家、使用不同语言的人们访问，因此 Web 应用程序应提供国际化的支持。Struts 2 对国际化的支持采用属性（资源）文件来存储国际化信息，具体应用中可在 Action 类中通过 getText()获得国际化信息，也可在 JSP 页面中通过<s:text>标签和<s:i18n>标签实现国际化。

11.2 实 训 任 务

【实训目标】

学会 Struts 2 框架基本结构和开发方法；掌握动作类的开发方法；了解 OGNL 和常用标签；了解输入校验及国际化处理方法。

任务 1 学习 Struts 2 环境构建及简单 Struts 2 项目的开发

本任务开发一个简单的 Struts 2 项目，掌握环境构建及各种组件的开发，具体步骤如下。

（1）登录 Apache Struts 网站（http://struts.apache.org/）下载最新的 Struts 2 库文件，这里假设下载的是 struts-2.5.14.1-all.zip，将该文件解压到一个目录中，其中的 lib 目录存放了 Struts 2 的库文件。

（2）在 Eclipse 中创建 struts2-demo 动态 Web 项目，注意，由 Eclipse 生成 web.xml 部署描述文件。

（3）将 Struts 2 解压目录 lib 中的几个基本库文件复制到项目的 WEB-INF\lib 目录中，创建完的项目结构如图 11-1 所示。

（4）创建动作类。在 src 目录创建 com.action 包，在该包中创建 HelloWorldAction 动作类，代码如下：

```
package com.action;
public class HelloWorldAction {
    private String name;
    public String execute() throws Exception {
        return "success";
    }
    public String getName() {
        return name;
    }
    public void setName(String name) {
        this.name = name;
    }
}
```

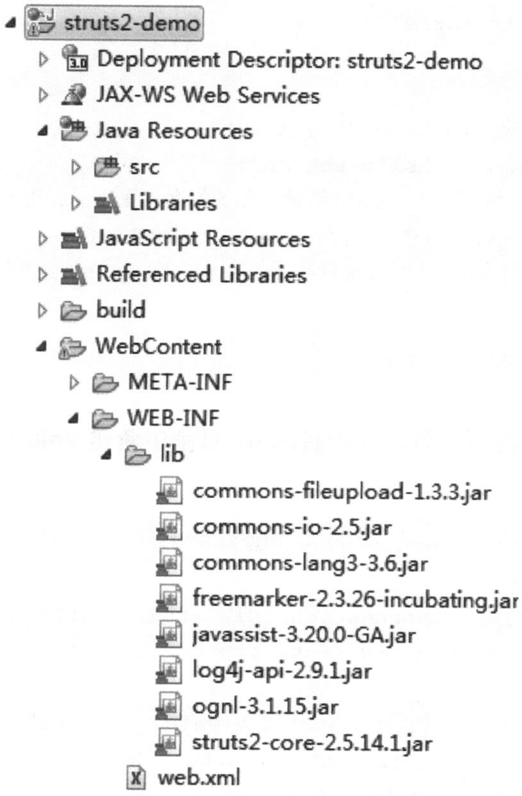

```
struts2-demo
  Deployment Descriptor: struts2-demo
  JAX-WS Web Services
  Java Resources
    src
    Libraries
  JavaScript Resources
  Referenced Libraries
  build
  WebContent
    META-INF
    WEB-INF
      lib
        commons-fileupload-1.3.3.jar
        commons-io-2.5.jar
        commons-lang3-3.6.jar
        freemarker-2.3.26-incubating.jar
        javassist-3.20.0-GA.jar
        log4j-api-2.9.1.jar
        ognl-3.1.15.jar
        struts2-core-2.5.14.1.jar
      web.xml
```

图 11-1　struts2-demo 项目结构

（5）创建视图页面。在 WebContent 目录创建 hello-world.jsp 页面，它通过 Struts 标签显示传递来的 name 属性值，代码如下：

```
<%@ page contentType = "text/html; charset = UTF-8" %>
<%@ taglib prefix = "s" uri = "/struts-tags" %>
<html>
   <head>
      <title>Hello World</title>
   </head>
   <body>
      Hello World, <s:property value = "name"/>
   </body>
</html>
```

（6）创建主页面。在 WebContent 目录创建 index.jsp 页面，它包含一个表单，当用户提交表单时，控制转发到 hello-action 动作对象，代码如下：

```
<%@ page  contentType = "text/html; charset=UTF-8"%>
<%@ taglib prefix = "s" uri = "/struts-tags"%>
<html>
   <head>
```

```
        <title>Hello World</title>
    </head>
    <body>
        <h1>Hello World From Struts2</h1>
        <form action = "hello-action">
            <label for = "name">请输入你的姓名</label><br/>
            <input type = "text" name = "name"/>
            <input type = "submit" value = "Say Hello"/>
        </form>
    </body>
</html>
```

（7）创建 struts.xml 配置文件。在项目的 src 目录中新建 struts.xml 文件，它是 Struts 2 的配置文件，内容如下：

```
<?xml version = "1.0" encoding = "UTF-8"?>
<!DOCTYPE struts PUBLIC
   "-//Apache Software Foundation//DTD Struts Configuration 2.0//EN"
   "http://struts.apache.org/dtds/struts-2.0.dtd">
<struts>
    <constant name = "struts.devMode" value = "true" />
    <package name = "helloworld" extends = "struts-default">
       <action name = "hello-action"
           class = "com.action.HelloWorldAction"
           method = "execute">
           <result name = "success">/hello-world.jsp</result>
        </action>
    </package>
</struts>
```

（8）修改部署描述文件 web.xml，在其中声明 Struts2 的核心过滤器和映射。打开 web.xml 文件，在其中添加下面代码：

```
<filter>
    <filter-name>struts2</filter-name>
    <filter-class>
org.apache.struts2.dispatcher.filter.StrutsPrepareAndExecuteFilter
    </filter-class>
 </filter>

 <filter-mapping>
    <filter-name>struts2</filter-name>
    <url-pattern>/*</url-pattern>
</filter-mapping>
```

（9）运行应用程序。访问 index.jsp 页面，在表单中输入一个姓名，如图 11-2 所示。单击 Say Hello 按钮，显示如图 11-3 所示的页面。

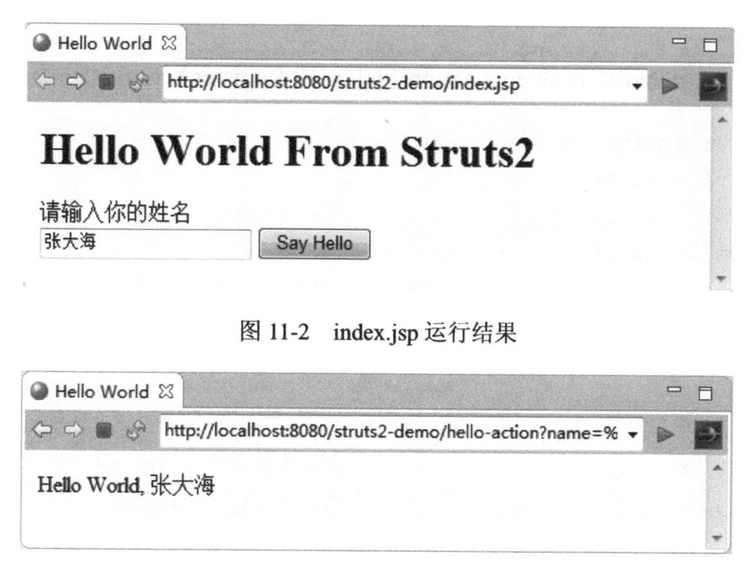

图 11-2　index.jsp 运行结果

图 11-3　hello-world.jsp 运行结果

任务 2　学习 Struts 2 的 UI 标签的使用

本任务通过一个简单的注册应用，学习 Struts 2 的常用 UI 标签的使用，具体步骤如下。

（1）在 struts2-demo 项目的 src 目录中新建 com.model 包，在该包中创建 City 类表示城市，包含 id 和 name 两个属性分别表示编号和名称，代码如下：

```
package com.model;
public class City {
   private int id;
   private String name;
   public City(int id, String name) {
      super();
      this.id = id;
      this.name = name;
   }
   public int getId() {
      return id;
   }
   public void setId(int id) {
      this.id = id;
   }
   public String getName() {
      return name;
   }
   public void setName(String name) {
      this.name = name;
```

```
    }
}
```


（2）在 struts2-demo 项目的 com.action 包中创建 RegisterAction 动作类，代码如下：

```
package com.action;
import java.util.ArrayList;
import com.model.City;
import com.opensymphony.xwork2.ActionSupport;
public class RegisterAction extends ActionSupport {
    private String username;
    private String password;
    private String gender;
    private String resume;
    private String city;              //存放在页面中选中的城市
    private String[] language;        //存放在页面中选中的语言
    private ArrayList<City> cityList;
    private ArrayList<String> langList;
    private Boolean  marry;

    public String populate() {
        cityList = new ArrayList<City>();
        cityList.add(new City(1, "北京"));
        cityList.add(new City(2, "上海"));
        cityList.add(new City(3, "广州"));

        langList = new ArrayList<String>();
        langList.add("Java");
        langList.add(".Net");
        langList.add("Object C");
        langList.add("C++");
        marry = false;
        return "populate";
    }
    public String execute() {
        return SUCCESS;
    }
    public String getUsername() {
        return username;
    }
    public void setUsername(String username) {
        this.username = username;
    }
    public String getPassword() {
        return password;
```

```
    }
    public void setPassword(String password) {
        this.password = password;
    }
    public String getGender() {
        return gender;
    }
    public void setGender(String gender) {
        this.gender = gender;
    }
    public String getResume() {
        return resume;
    }
    public void setResume(String resume) {
        this.resume = resume;
    }
    public String getCity() {
        return city;
    }
    public void setCity(String city) {
        this.city = city;
    }
    public String[] getLanguage() {
        return language;
    }
    public void setLanguage(String[] language) {
        this.language = language;
    }
    public ArrayList<City> getCityList() {
        return cityList;
    }
    public void setCityList(ArrayList<City> cityList) {
        this.cityList = cityList;
    }
    public ArrayList<String> getLangList() {
        return langList;
    }
    public void setLangList(ArrayList<String> langList) {
        this.langList = langList;
    }
    public Boolean getMarry() {
        return marry;
    }
    public void setMarry(Boolean marry) {
```

```
        this.marry = marry;
    }
}
```


（3）在 struts2-demo 项目的 WebContent 目录中创建 register.jsp 视图页面，代码如下：

```
<%@ page contentType="text/html; charset=UTF-8"
        pageEncoding="UTF-8"%>
<%@taglib uri="/struts-tags" prefix="s"%>
<html>
<head><title>注册页面</title></head>
<body>
<s:form action="user-register">
   <s:textfield name="username" label="用户名" />
   <s:password name="password" label="口令" />
   <s:radio name="gender" label="性别" list="{'男','女'}" />
   <s:select name="city" list="cityList"
             listKey="id" listValue="name"
             headerKey="0" headerValue="城市" label="请选择城市" />
   <s:textarea name="resume" label="简历" />
   <s:checkboxlist name="language" list="langList"
                   label="精通语言" />
   <s:checkbox name="marry" label="婚否?" />
   <s:submit value="提交"/>
</s:form>
</body>
</html>
```

（4）在 WebContent 目录中创建 success.jsp 视图页面。用户在 register.jsp 中输入和选择选项后，单击“提交”按钮请求 Register 动作，首先使用从页面获得的属性值填充属性，然后执行 RegisterAction 类的 execute()方法，最后将控制转发到 success.jsp 页面。

```
<%@ page language="java" contentType="text/html; charset=UTF-8"
    pageEncoding="UTF-8"%>
<%@taglib uri="/struts-tags"  prefix="s"%>
<html>
<head><title>用户信息</title>
</head>
<body>
   用户名：<s:property value="username" /><br>
   性别：<s:property value="gender" /><br>
   城市：<s:property value="city" /><br>
   简历：<s:property value="resume" /><br>
   精通语言：<s:property value="language" /><br>
   婚否：<s:property value="marry" />
```

```
</body>
</html>
```

（5）在 struts.xml 配置文件中添加下面的 action 定义：

```
<action name="populate-register" method="populate"
           class="com.action.RegisterAction">
     <result name="populate">/register.jsp</result>
     <result name="input">/register.jsp</result>
</action>
<action name="user-register" method="execute"
         class="com.action.RegisterAction">
      <result name="success">/success.jsp</result>
</action>
```

（6）启动浏览器，在地址栏中通过 populate-register 动作请求执行 RegisterAction 类的 populate()，这样才执行 register.jsp 页面，显示如图 11-4 所示。

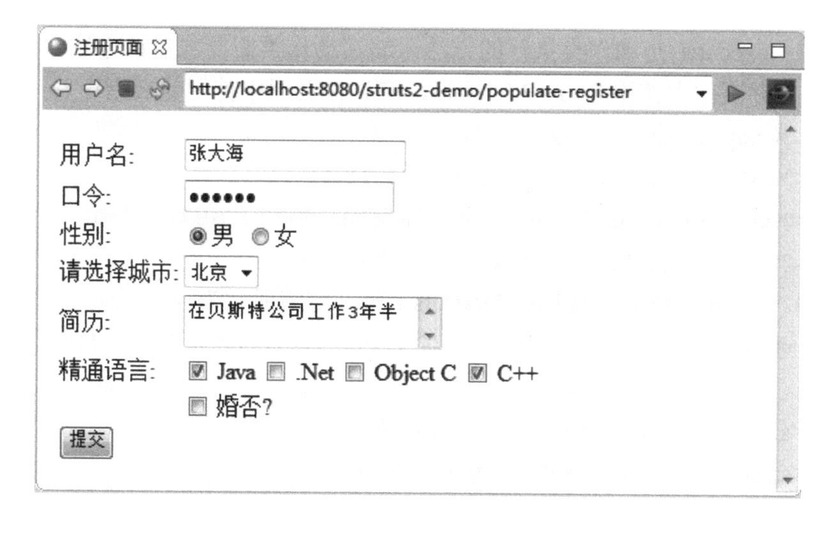

图 11-4　register.jsp 页面运行结果

在该页面填写和选择用户信息，单击“提交”按钮，运行结果如图 11-5 所示。

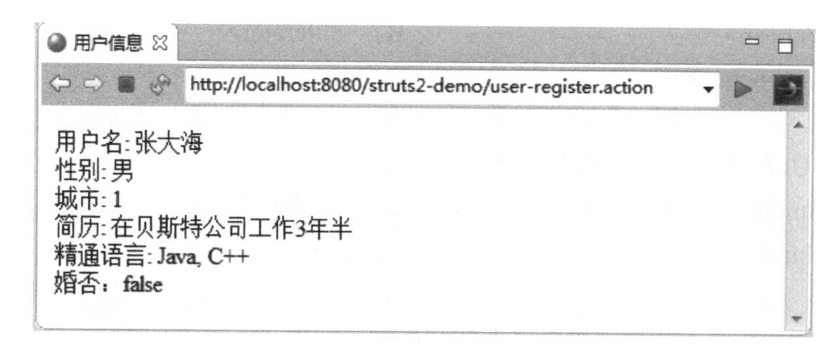

图 11-5　success.jsp 页面运行结果

11.3 思考与练习答案

1. Struts 2 框架的核心过滤器类是（　　）。

A. Action　　B. StrutsPrepareAndExecuteFilter

C. ServletActionContext　　D. ActionSupport

【答】 B。StrutsPrepareAndExecuteFilter 是 Struts 2 框架的核心过滤器类。

2. 下面哪个常量不是在 Action 接口中声明的？（　　）

A. SUCCESS　　B. ERROR

C. INPUT　　D. LOGOUT

【答】 D。Action 接口中声明了 SUCCESS、ERROR、INPUT、LOGIN 和 NONE 五个常量。

3. 下面哪个方法是在 Action 接口中声明的？（　　）

A. String lonin()　　B. String execute()

C. void register()　　D. String validate()

【答】 B。execute()是动作类执行的方法，编写动作类需要覆盖该方法。

4. 要在 JSP 页面中使用 Struts 2 的标签，应该在页面中使用什么指令？（　　）

A. <% page taglib="/struts-tags"%>

B. <%@ taglib prefix="s" uri="/struts-tags" %>

C. <%@ taglib prefix="c" uri=" http://java.sun.com/jsp/jstl/core " %>

D. <%@ taglib prefix="/struts-tags " uri=" s" %>

【答】 B。Struts 2 的标签的 URI 为/struts-tags，前缀通常为 s。

5. 要访问 Stack Context 的 application 对象中的 userName 属性，下面哪个是正确的？（　　）

A. <s:property value="#application.userName" />

B. <s:property value="application.userName" />

C. <s:property value="${application.userName}" />

D. <s:property value="%{application.userName}" />

【答】 A。

6. 下面哪个标签可以在集合对象上迭代？（　　）

A. <s:bean>　　B. <s:iterator>

C. <s:generator>　　D. <s:sort>

【答】 B。

7. 表单 UI 标签默认使用的主题是（　　）。

A. simple　　B. css_xhtml

C. xhtml　　D. ajax

【答】 C。

8. 下面哪种校验不能使用校验框架实现？（　　）

A. 限制一个字段的长度　　B. 指定口令包含的字符

C．Email 地址是否合法　　　　　　D．日期数据是否合法

【答】 B。

9．说明在 Struts 2 框架中实现 MVC 的模型、视图和控制器都是使用什么组件实现的。

【答】 模型由 JavaBeans 实现，它可实现业务逻辑。视图通常由 JSP 页面实现，也可以由 Velocity Template、FreeMarker 或其他表示层技术实现。控制器由过滤器、拦截器或 Action 组件实现。

10．试说明 Struts 2 的 struts.xml 文件的作用。

【答】 主要用来建立动作 Action 类与视图的映射。根元素<struts>的直接子元素包括 package、constant、bean 和 include，它们分别用来定义包、常量、bean 和包含其他配置文件。

11．在 JSP 页面中如何访问值栈中的动作属性？

【答】假设 message 是一个动作属性，有多种方法使用<s:property>标签访问动作属性，如下所示：

```
<s:property value="message"/>
<s:property value="[0]['message']"/>
<s:property value="getMessage()"/>
```

12．若要开发国际化的 Struts 2 应用，可以使用哪几种属性文件？

【答】 Action 级别属性文件、包级别属性文件和全局属性文件。

13．如果属性文件中包含非西欧字符，应该如何转换？

【答】 可使用 JDK 的 native2ascii 工具进行转换。

14．假设使用 Struts 2 的校验框架为 LoginAction 动作类定义校验规则，校验规则文件名应如何确定？

【答】 LoginAction-validation.xml。

第 12 章　Hibernate 框架基础

本章学习使用 Hibernate 框架实现数据持久化，包括对象关系映射与持久化、Hibernate 体系结构、配置文件和映射文件、映射与各种查询技术。

12.1　知识点总结

（1）Hibernate 是一个对象/关系映射（ORM）框架，它用来解决面向对象语言中对象与关系数据库中关系的不匹配问题。Hibernate 通过映射文件和配置文件把 Java 持久化对象 PO 映射到数据库中，然后通过操作 PO，对数据表进行插入、删除、修改和查询等操作。

（2）Hibernate 的运行过程如图 12-1 所示。

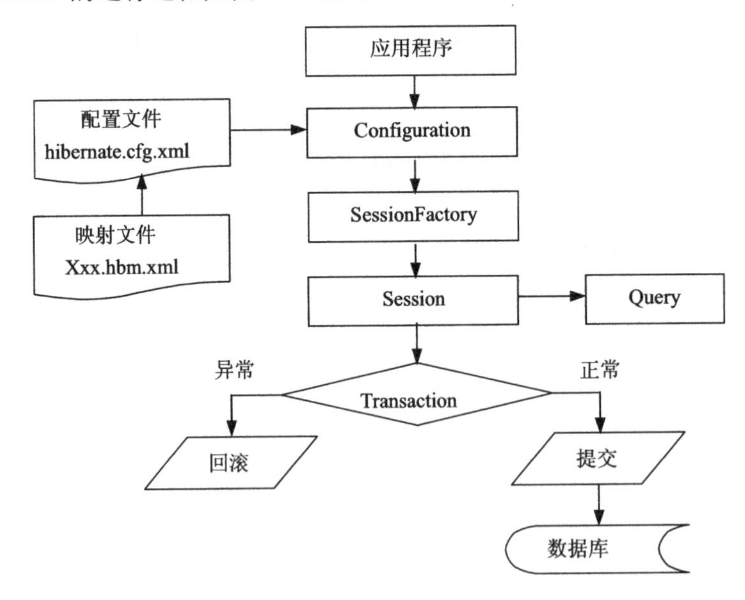

图 12-1　Hibernate 应用的执行过程

应用程序首先创建 Configuration 对象，该对象读取 Hibernate 配置文件和映射文件的信息，并用这些信息创建一个 SessionFactory 会话工厂对象，然后从 SessionFactory 对象生成一个 Session 会话对象，并用 Session 对象生成 Transaction 事务对象。最后，通过 Session 对象的 save()、get()、load()、update()和 delete()等方法对 PO 进行操作，Transaction 对象将把这些操作结果提交到数据库中。如果要进行查询，可以通过 Session 对象生成一个 Query

对象，然后调用 Query 对象的 list()或 iterate()执行查询操作，在返回的 List 对象或 Iterator 对象上迭代，即可访问数据库数据。

（3）持久化对象（PO）是一种轻量级的 Java 对象，也叫 POJO，它通常与关系数据库中的表对应，每个持久化对象与表中的一行对应。Hibernate 的持久化对象分为三种状态：临时态（transient）、持久态（persistent）和脱管态（detached）。

（4）Hibernate 配置文件用来配置 Hibernate 运行的各种信息，在 Hibernate 应用开始运行时要读取配置文件信息。配置文件通常使用 XML 文件格式，文件名为 hibernate.cfg.xml。配置文件中最重要的是数据库连接属性。

```
<property name="connection.driver_class">
          com.mysql.jdbc.Driver</property>
<property name="connection.url">
         jdbc:mysql://localhost:3306/webstore?useSSL=true </property>
<property name="connection.username">root</property>
<property name="connection.password">123456</property>
```

此外，在配置文件中还经常需要配置数据库方言、数据库连接池、会话管理特征、缓存特征以及是否自动建表等。

（5）Hibernate 映射文件把一个 PO 与一个数据表映射起来。每个持久化类都应该有一个映射文件。在 Hibernate 中有多种类型的映射，常用的关联映射有 4 种类型：一对一、一对多、多对一和多对多。此外，本书还介绍了组件属性映射和继承映射。

（6）Hibernate 提供了多种查询方法：HQL、条件查询、本地 SQL 查询和命名查询等。HQL 称为 Hibernate 查询语言，它是 Hibernate 提供的一种功能强大的查询语言。HQL 与 SQL 类似，用来执行对数据库的查询，它的很多语法都来自 SQL 语言，如支持 where 子句、order by 子句、group by 子句、允许使用聚集函数、支持带参数查询以及连接查询等。

（7）HQL 的查询结果是 Query 对象，调用该对象的 list()返回 List，调用 Query 对象的 iterate()返回 Iterator 对象，之后就可以在 List 或 Iterator 对象上迭代，返回查询结果对象。

下面代码说明如何使用 list()返回 List 对象，然后通过其 get()检索每个 Student 持久类实例。

```
String query_str="from Student as s";
Query query = session.createQuery(query_str);
List<Student> list = query.list();
for(int i = 0; i < list.size(); i ++){
   Student stud =(Student)list.get(i);
   System.out.println("学号: " + stud.getStudentNo());
   System.out.println("姓名: " + stud.getStudentName());
}
```

（8）HQL 查询语句中可带参数，在执行查询语句之前需要设置参数。如果使用的是命名参数，应该使用 setParameter()设置，如果使用的是占位符（？）参数，则应该使用 setXxx()

设置。

（9）对来自多个表的数据，可以使用连接查询。在 Hibernate 中则使用关联映射来处理底层数据表之间的连接。一旦建立了正确的关联映射后，就可利用 Hibernate 的关联来进行连接。HQL 支持两种关联连接形式：显式（explicit）连接和隐式（implicit）连接。显式连接需要使用 join 关键字，这与 SQL 连接表类似。隐式连接不需要使用 join 关键字，仅需使用“点号”来引用相关实体。隐式连接可使用在任何 HQL 语句中，但在最终的 SQL 语句中仍以 inncr join 的方式出现。

（10）除 HQL 外 Hibernate 还提供了其他查询技术，包括条件查询、使用本地 SQL 语句查询以及命名查询等。

12.2 实训任务

【实训目标】

学会使用 Hibernate 框架访问数据库，学会持久化类的定义、配置文件和映射文件的编写，掌握 Hibernate 核心 API；掌握映射的配置和 HQL 等查询语言。

任务 1 学习 Hibernate 框架基本操作方法

本任务开发一个简单应用程序，通过 Hibernate 操作数据库，具体步骤如下。

（1）登录 Hibernate 官方网站（http://www.hibernate.org/）下载 Hibernate 软件包，假设下载的文件为 hibernate-release-5.2.12.Final.zip，将该文件解压到一个临时目录。

（2）在 Eclipse 中创建 hibernate-demo 动态 Web 项目，将 MySQL 数据库驱动程序包文件 mysql-connector-java-5.1.44-bin.jar 复制到项目的 WEB-INF\lib 目录中。

（3）将 Hibernate 软件解压目录 lib/requried 中的 JAR 文件复制到 WEB-INF/lib 目录中，将 JSTL 的库文件也复制到 WEB-INF/lib 目录中，创建完的项目结构如图 12-2 所示。

（4）启动 MySQL 命令行工具，以 root 用户登录到服务器，在 mysql>提示符下输入下面命令选择 webstore 数据库（该数据库是第 5 章创建的）。

```
mysql>use webstore;
```

（5）使用 create table 命令创建 employee 表，代码如下：

```
create table employee (
   id INT NOT NULL auto_increment,
   first_name VARCHAR(20) default NULL,
   last_name  VARCHAR(20) default NULL,
   salary     INT  default NULL,
   PRIMARY KEY (id)
);
```

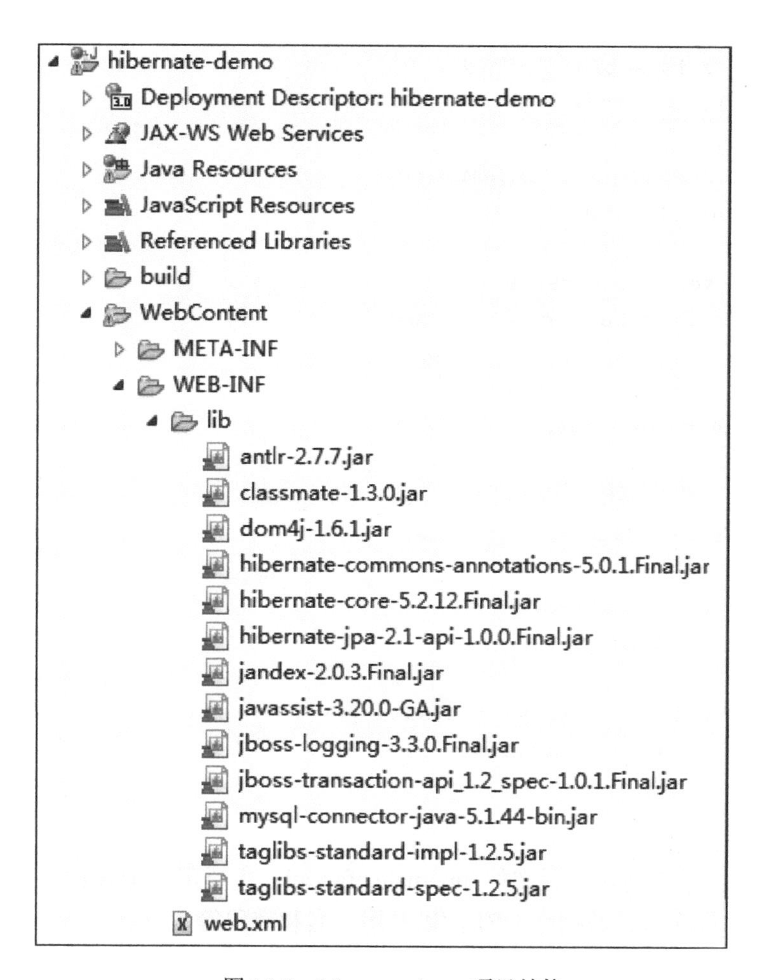

图 12-2 hibernate-demo 项目结构

(6) 在项目的 src 目录中新建 com.domain 包，在该包中创建 Employee 类，它是 POJO 类，代码如下：

```
package com.domain;
public class Employee {
   private int id;
   private String firstName;
   private String lastName;
   private int salary;
   public Employee() {}
   public Employee(String fname, String lname, int salary) {
      this.firstName = fname;
      this.lastName = lname;
      this.salary = salary;
   }
   public int getId() {
      return id;
   }
```

```
    public void setId( int id ) {
        this.id = id;
    }
    public String getFirstName() {
        return firstName;
    }
    public void setFirstName( String first_name ) {
        this.firstName = first_name;
    }
    public String getLastName() {
        return lastName;
    }
    public void setLastName( String last_name ) {
        this.lastName = last_name;
    }
    public int getSalary() {
        return salary;
    }
    public void setSalary( int salary ) {
        this.salary = salary;
    }
}
```

（7）在 src 目录中创建配置文件 hibernate.cfg.xml，主要用于配置数据库连接参数，比如，数据库驱动程序名、数据库 URL，以及用户名和密码等信息。

```
<?xml version="1.0" encoding="UTF-8"?>
<!DOCTYPE hibernate-configuration SYSTEM
  "http://www.hibernate.org/dtd/hibernate-configuration-3.0.dtd">
<hibernate-configuration>
  <session-factory>
    <property name = "hibernate.dialect">
      org.hibernate.dialect.MySQLDialect
    </property>
    <property name = "hibernate.connection.driver_class">
      com.mysql.jdbc.Driver
    </property>
    <property name = "hibernate.connection.url">
      jdbc:mysql://localhost:3306/webstore?useSSL=true
    </property>
    <property name = "hibernate.connection.username">
      root
    </property>
    <property name = "hibernate.connection.password">
      123456
    </property>
```

```
        <!-- XML映射文件 -->
        <mapping resource = "com/domain/Employee.hbm.xml"/>
    </session-factory>
</hibernate-configuration>
```

（8）在 src 目录的 com.domain 包中创建映射文件 Employee.hbm.xml，它实现 Employee 类与 employee 表之间的映射，代码如下：

```
<?xml version="1.0" encoding="UTF-8"?>
<!DOCTYPE hibernate-mapping PUBLIC
    "-//Hibernate/Hibernate Mapping DTD//EN"
    "http://www.hibernate.org/dtd/hibernate-mapping-3.0.dtd">
<hibernate-mapping>
    <class name = "com.domain.Employee" table = "employee">
        <meta attribute = "class-description">
            This class contains the employee detail.
        </meta>
        <id name = "id" type = "int" column = "id">
            <generator class="native"/>
        </id>
        <property name = "firstName" column = "first_name" type = "string"/>
        <property name = "lastName" column = "last_name" type = "string"/>
        <property name = "salary" column = "salary" type = "int"/>
    </class>
</hibernate-mapping>
```

（9）在 src 目录的 com.demo 包中创建 ManageEmployee 应用程序，实现将 Employee 对象保存到 employee 表中，并实现其他 CRUD 操作。

```
package com.demo;
import java.util.List;
import java.util.Iterator;
import org.hibernate.HibernateException;
import org.hibernate.Session;
import org.hibernate.Transaction;
import org.hibernate.SessionFactory;
import org.hibernate.cfg.Configuration;
import com.domain.Employee;

public class ManageEmployee {
    private static SessionFactory factory;
    public static void main(String[] args) {
        try {
            factory = new Configuration().configure().buildSessionFactory();
        } catch (Throwable ex) {
            System.err.println("创建sessionFactory失败." + ex);
```

```
            throw new ExceptionInInitializerError(ex);
        }

        ManageEmployee ME = new ManageEmployee();
        /*向表中添加若干员工*/
        Integer empID1 = ME.addEmployee("小明", "王", 1000);
        Integer empID2 = ME.addEmployee("Daisy", "Das", 5000);
        Integer empID3 = ME.addEmployee("John", "刘", 10000);

        ME.listEmployees();                          /*列出所有员工信息*/
        ME.updateEmployee(empID1, 5000);             /*修改员工工资*/
        ME.deleteEmployee(empID2);                   /*删除指定员工记录*/
        ME.listEmployees();                          /*列出所有员工信息*/
    }
    /*向表中添加员工方法*/
    public Integer addEmployee(String fname, String lname, int salary){
        Session session = factory.openSession();
        Transaction tx = null;
        Integer employeeID = null;
        try {
            tx = session.beginTransaction();
            Employee employee = new Employee(fname, lname, salary);
            employeeID = (Integer) session.save(employee);
            tx.commit();
        } catch (HibernateException e) {
            if (tx!=null) tx.rollback();
            e.printStackTrace();
        } finally {
            session.close();
        }
        return employeeID;
    }
    /*查询所有员工信息*/
    public void listEmployees( ){
        Session session = factory.openSession();
        Transaction tx = null;
        try {
            tx = session.beginTransaction();
            List employees = session.createQuery("FROM Employee").list();
            for (Iterator iterator = employees.iterator();
                        iterator.hasNext();){
                Employee employee = (Employee) iterator.next();
                System.out.print("First Name: " + employee.getFirstName());
                System.out.print("  Last Name: " + employee.getLastName());
                System.out.println("  Salary: " + employee.getSalary());
```

```
        }
        tx.commit();
    } catch (HibernateException e) {
        if (tx!=null) tx.rollback();
        e.printStackTrace();
    } finally {
        session.close();
    }
}
/*修改员工工资*/
public void updateEmployee(Integer EmployeeID, int salary ){
    Session session = factory.openSession();
    Transaction tx = null;
    try {
        tx = session.beginTransaction();
        Employee employee = (Employee)session.get(
                    Employee.class, EmployeeID);
        employee.setSalary( salary );
            session.update(employee);
        tx.commit();
    } catch (HibernateException e) {
        if (tx!=null) tx.rollback();
        e.printStackTrace();
    } finally {
        session.close();
    }
}
/*删除员工方法*/
public void deleteEmployee(Integer EmployeeID){
    Session session = factory.openSession();
    Transaction tx = null;
    try {
        tx = session.beginTransaction();
        Employee employee = (Employee)session.get(
                    Employee.class, EmployeeID);
        session.delete(employee);
        tx.commit();
    } catch (HibernateException e) {
        if (tx!=null) tx.rollback();
        e.printStackTrace();
    } finally {
        session.close();
    }
}
}
```

（10）执行 ManageEmployee 程序，向表中插入三条记录，然后修改第一条记录的工资，最后删除第二条员工记录。程序运行在控制台显示结果如图 12-3 所示。

```
ManageEmployee [Java Application] C:\Program Files\Java\jdk1.8.0_121\bin\javaw.exe (2017年12月30日 下
十二月 30, 2017 7:36:57 下午 org.hibernate.hql.internal.QueryTran
INFO: HHH000397: Using ASTQueryTranslatorFactory
First Name: 小明 Last Name: 王 Salary: 1000
First Name: Daisy  Last Name: Das  Salary: 5000
First Name: John  Last Name: 刘 Salary: 10000
First Name: 小明 Last Name: 王 Salary: 5000
First Name: John  Last Name: 刘 Salary: 10000
```

图 12-3　ManageEmployee 运行结果

任务 2　学习 Web 应用中使用 Hibernate 框架

本任务开发一个简单的 Web 应用实现对 Student 对象的操作。本任务仍然使用任务 1 创建的 hibernate-demo 项目。

（1）在 MySQL 的 webstore 数据库中创建 student 数据库表，代码如下：

```
CREATE TABLE student(
   id INT NOT NULL PRIMARY KEY,
   name  VARCHAR(20),
   age   SMALLINT,
   major  VARCHAR(20) DEFAULT NULL
);
```

（2）在 src 的 com.demo 包中创建持久化类 Student，代码如下：

```
package com.domain;
public class Student {
    private int id;
    private String name;
    private int age;
    private String major;
    public Student() { }
    public Student(int id, String name, int age, String major){
        this.id = id;
        this.name = name;
        this.age = age;
        this.major = major;
    }
    public int getId(){
        return id;
    }
    public void setId(int id){
        this.id = id;
```

```
    }
    public String getName(){
        return name;
    }
    public void setName(String name){
        this.name = name;
    }
    public int getAge(){
        return age;
    }
    public void setAge(int age){
        this.age = age;
    }
    public String getMajor(){
        return major;
    }
    public void setMajor(String major){
        this.major = major;
    }
}
```

（3）在 src 的 com.domain 包中定义 Student 类的映射文件 Student.hbm.xml，代码如下：

```
<?xml version="1.0" encoding="UTF-8"?>
<!DOCTYPE hibernate-mapping PUBLIC
        "-//Hibernate/Hibernate Mapping DTD 3.0//EN"
    "http://hibernate.sourceforge.net/hibernate-mapping-3.0.dtd">

<hibernate-mapping package="com.domain">
    <class name="Student" table="student">
        <id name="id" column="id">
            <generator class="assigned" />
        </id>
        <property name="name" type="string" column="name" />
        <property name="age" type="integer" column="age" />
        <property name="major" type="string" column="major" />
    </class>
</hibernate-mapping>
```

（4）创建配置文件 hibernate.cfg.xml。这里的配置文件仍然使用任务 1 的配置文件，但要在<session-factory>元素中增加一个<mapping>元素指定映射文件，如下所示：

```
<mapping resource="com/domain/Student.hbm.xml"/>
```

（5）在 src 中创建 com.util 包，在该包中创建 HibernateUtil.java 工具类文件，代码如下：

```
package com.util;
```

```
import org.hibernate.HibernateException;
import org.hibernate.Session;
import org.hibernate.SessionFactory;
import org.hibernate.cfg.Configuration;

public class HibernateUtil {
    private static SessionFactory factory;
    static{
        try{
            Configuration configuration = new Configuration().configure();
            factory = configuration.buildSessionFactory();
        }catch(HibernateException e){
            e.printStackTrace();
        }
    }
   //返回会话工厂对象
   public static SessionFactory getSessionFactory() {
       return factory;
   }
   //返回一个会话对象
   public static Session getSession() {
       Session session = null;
       if(factory !=null)
           session = factory.openSession();
       return session;
   }
   //关闭指定的会话对象
   public static void closeSession(Session session){
       if(session !=null){
           if(session.isOpen())
               session.close();
       }
   }
}
```

（6）在 WebContent 目录中创建 listStudent.jsp 页面，它用来输入和显示学生信息，代码如下：

```
<%@ page contentType="text/html; charset=UTF-8"
         pageEncoding="UTF-8"%>
<%@taglib prefix="c" uri="http://java.sun.com/jsp/jstl/core" %>
<html>
<head><title>添加学生信息</title></head>
<body>
<form action="student-manage?action=addStudent" method="post">
<p>请输入学生信息</p>
```

```
    学号<input type="text" name="id" />
    姓名<input type="text" name="name" /><br>
    年龄<input type="text" name="age" />
    专业<input type="text" name="major"/><br>
 <input type="submit" value="确定"/><input type="reset" value="重置"/>
</form>
 ${message}<hr/>
<table>
<tr><td>学号</td><td>姓名</td><td>年龄</td><td>专业</td>
            <td>删除</td><td>修改</td></tr>
<c:forEach var="s" items="${studentList}">
<tr>
    <td>${s.id}</td><td>${s.name}</td>
    <td>${s.age }</td><td>${s.major}</td>
    <td><a href="student-manage?action=delete&id=${s.id}" >删除</a></td>
    <td><a href="student-manage?action=edit&id=${s.id}" >修改</a></td>
</tr>
</c:forEach>
</table>
</body>
</html>
```

（7）在 WebContent 目录中创建 error.jsp 页面，它用来显示错误信息，代码如下：

```
<%@ page contentType="text/html; charset=UTF-8"%>
<html>
<head>
<title>错误页面</title>
</head>
<body>
<p>插入记录失败</p>
</body>
</html>
```

（8）在 src 的 com.demo 包中创建 StudentServlet 类实现对 Student 对象的插入、删除、修改和检索，代码如下：

```
package com.demo;
import java.io.IOException;
import javax.servlet.RequestDispatcher;
import javax.servlet.ServletException;
import javax.servlet.annotation.WebServlet;
import javax.servlet.http.HttpServlet;
import javax.servlet.http.HttpServletRequest;
import javax.servlet.http.HttpServletResponse;
import java.util.*;
```

```
import org.hibernate.Session;
import org.hibernate.Transaction;
import org.hibernate.HibernateException;
import com.util.HibernateUtil;
import java.io.PrintWriter;

@WebServlet(name = "StudentServlet", urlPatterns = { "/student-manage" })
public class StudentServlet extends HttpServlet {
   //GET请求和POST请求都由doPost()处理
   protected void doGet(HttpServletRequest request,
                        HttpServletResponse response)
                        throws ServletException, IOException {
      doPost(request,response);
   }

   protected void doPost(HttpServletRequest request,
                   HttpServletResponse response)
                   throws ServletException, IOException {
      String action = request.getParameter("action");
      //根据action请求参数的不同执行不同的方法
      if(action!=null&&action.equals("addStudent")){
         addStudent(request,response);
      }else if(action.equals("delete")){
         deleteStudent(request,response);
      }else if(action.equals("update")){
         updateStudent(request,response);
      }else if(action.equals("edit")){
         editStudent(request,response);
      }else{
         listStudent(request,response);
      }
   }
   //插入学生记录方法
   protected void addStudent(HttpServletRequest request,
                             HttpServletResponse response)
                             throws ServletException, IOException {
      Session session = HibernateUtil.getSession();
      Transaction tx = null;
      Integer studentID = null;
      try{
         tx = session.beginTransaction();
         int id = Integer.parseInt(request.getParameter("id"));
         //字符编码转换
         String name =new String(request.getParameter("name")
```

```
                    .getBytes("iso-8859-1"),"utf-8");
        int age = Integer.parseInt(request.getParameter("age"));
        String major = new String(request.getParameter("major")
                    .getBytes("iso-8859-1"),"utf-8");
        Student student = new Student(id,name,age,major);
        //持久化student对象
        studentID = (Integer) session.save(student);
        tx.commit();
    }catch (HibernateException e) {
        if (tx!=null) tx.rollback();
        e.printStackTrace();
    }finally {
        session.close();
    }
    if(studentID!=null){
        String message = "插入记录成功！";
        request.setAttribute("message", message);
        listStudent(request,response);
    }else{
        RequestDispatcher rd = request.getRequestDispatcher("error.jsp");
        rd.forward(request, response);
    }
}
//显示学生信息
public void listStudent(HttpServletRequest request,
                        HttpServletResponse response)
                        throws ServletException, IOException {
    Session session = HibernateUtil.getSession();
    Transaction tx = null;
    List students=null;
    try{
        tx = session.beginTransaction();
        //查询学生信息
        students = session.createQuery("FROM Student").list();
        tx.commit();
    }catch (HibernateException e) {
        if (tx!=null) tx.rollback();
        e.printStackTrace();
    }finally {
        session.close();
    }
    //将控制转发到listStudent.jsp页面
    if(students!=null){
      request.setAttribute("studentList", students);
```

```
        RequestDispatcher rd =
                request.getRequestDispatcher("listStudent.jsp");
        rd.forward(request, response);
      }
  }
  //编辑学生信息
  public void editStudent(HttpServletRequest request,
                          HttpServletResponse response)
                          throws ServletException, IOException {
     Integer studentID = Integer.parseInt(request.getParameter("id"));
     Student s=null;
     Session session = HibernateUtil.getSession();
     Transaction tx = null;
     try{
       tx = session.beginTransaction();
       s = (Student)session.get(Student.class, studentID);
       tx.commit();
     }catch (HibernateException e) {
      if (tx!=null) tx.rollback();
       e.printStackTrace();
     }finally {
       session.close();
     }
     //显示要修改的学生信息
     response.setContentType("text/html;charset=UTF-8");
     PrintWriter out = response.getWriter();
     out.println("<html><head><title>修改学生信息</title></head>");
     out.println("<body>");
     out.println("<p>修改学生信息</p>");
     out.println("<form action='student-manage?action=update'
                      method='post'>");
     out.println("学号<input type='text' name='id' value='"+
                 s.getId()+"' readonly />");
     out.println("姓名<input type='text' name='name' value='"+
                 s.getName()+"'/><br>");
     out.println("年龄<input type='text' name='age' value='"+
                 s.getAge()+"'/>");
     out.println("专业<input type='text' name='major' value='"+
                 s.getMajor()+"'/><br>");
     out.println("<input type='submit' value='修改'/>"
                 +"<input type='reset' value='重置'/>");
     out.println("</form>");
     out.println("</body>");
     out.println("</html>");
```

```
}
//修改学生信息
public void updateStudent(HttpServletRequest request,
                          HttpServletResponse response)
                          throws ServletException, IOException {
    Integer id = Integer.parseLong(request.getParameter("id"));
    Student student=null;
    Session session = HibernateUtil.getSession();
    Transaction tx = null;
    try{
        tx = session.beginTransaction();
        student = (Student)session.get(Student.class, id);
        int id = Long.parseLong(request.getParameter("id"));
        String name =new String(request.getParameter("name").
                    getBytes("iso-8859-1"),"utf-8");
        int age = Integer.parseInt(request.getParameter("age"));
        String major = new String(request.getParameter("major")
                    .getBytes("iso-8859-1"),"utf-8");
        //用表单输入值修改student对象属性值
        student.setId(id);
        student.setName(name);
        student.setAge(age);
        student.setMajor(major);
        //更新持久化对象
        session.update(student);
        tx.commit();
    }catch (HibernateException e) {
        if (tx!=null) tx.rollback();
        e.printStackTrace();
    }finally {
        session.close();
    }
        listStudent(request,response);
}
//删除学生记录
protected void deleteStudent(HttpServletRequest request,
                             HttpServletResponse response)
                             throws ServletException, IOException {
    Integer id = Integer.parseInt(request.getParameter("id"));
    Session session = HibernateUtil.getSession();
    Transaction tx = null;
    try{
        tx = session.beginTransaction();
        Student student = (Student)session.get(Student.class, id);
```

```
            //删除持久化对象
            session.delete(student);
            tx.commit();
        }catch (HibernateException e) {
            e.printStackTrace();
            String message = "删除记录失败！";
            request.setAttribute("msg", message);
            if (tx!=null) tx.rollback();
        }finally {
            session.close();
        }
        listStudent(request,response);
    }
}
```

（9）访问 listStudent.jsp 页面，结果如图 12-4 所示。插入一些记录后显示的页面如图 12-5 所示。单击某个记录的“修改”按钮可以修改记录。

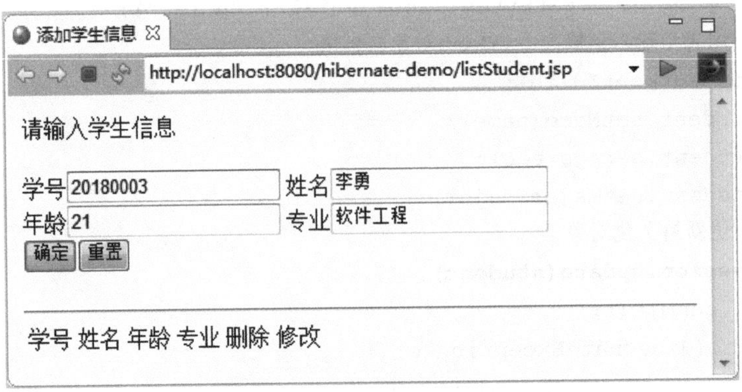

添加学生信息

http://localhost:8080/hibernate-demo/listStudent.jsp

请输入学生信息

学号 20180003 姓名 李勇

年龄 21 专业 软件工程

确定 重置

学号 姓名 年龄 专业 删除 修改

图 12-4　listStudent.jsp 页面运行结果

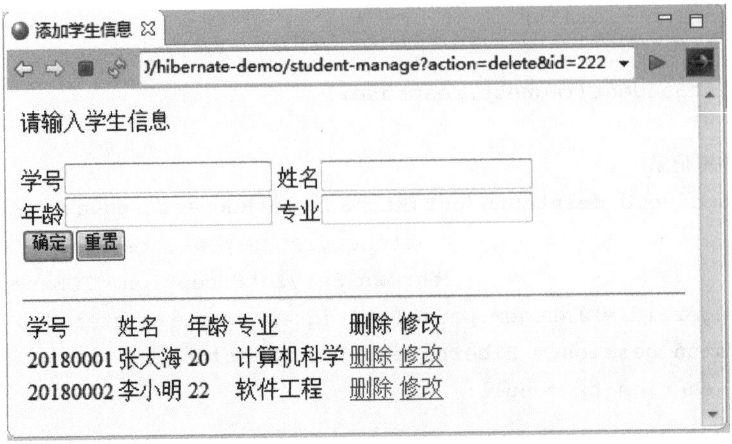

添加学生信息

)/hibernate-demo/student-manage?action=delete&id=222

请输入学生信息

学号 姓名

年龄 专业

确定 重置

学号	姓名	年龄	专业	删除	修改
20180001	张大海	20	计算机科学	删除	修改
20180002	李小明	22	软件工程	删除	修改

图 12-5　添加记录后页面显示结果

12.3 思考与练习答案

1．什么是 ORM，它要解决什么问题？

【答】 ORM 是 Object/Relation Mapping 的缩写，称为对象/关系映射。它主要解决面向对象语言中的对象与关系数据库中关系的不匹配问题。Hibernate 是实现对象/关系映射的一个框架。

2．Hibernate 映射文件的作用是（　　）。

A．定义数据库连接参数

B．建立持久化类和数据表之间的对应关系

C．创建持久化类

D．自动建立数据库表

【答】 B。

3．Hibernate 的配置文件的主要作用是什么？

【答】 Hibernate 的配置文件用来配置 Hibernate 运行的各种信息，包括：数据库连接信息、数据库方言、连接池、缓存策略、映射文件、是否自动建表等信息。

4．在 Hibernate 中一个持久化类对象可能处于三种状态之一，下面哪个是不正确的？（　　）。

A．持久状态　　B．临时状态

C．固定状态　　D．脱管状态

【答】 C。一个持久化类对象可能处于临时状态、持久状态和脱管状态三种状态之一。

5．假设有一个 Student 持久化类，它的映射文件名是（　　）。

A．Student.mapping.xml　　B．Student.hbm.xml

C．hibernate.properties　　D．hibernate.cfg.xml

【答】 B。

6．要让 Hibernate 自动创建数据表，应在配置文件中如何设置？

【答】 在配置文件中将 hibernate.bhm2ddl.auto 属性值指定为 create，如下所示：

```
<property name="hibernate.hbm2ddl.auto">create</property>
```

7．若建立两个持久化类的双向关联，需要（　　）。

A．在一方添加多方关联的属性

B．在多方添加一方关联的属性

C．在一方和多方都添加对方的属性

D．不需要在某一方添加对方的属性

【答】 C。

8．在 Hibernate 的继承映射中有三种实现方式，不包括下面哪一种？（　　）

A．所有类映射成一张表　　B．每个子类映射成一张表

C．每个具体子类映射成一张表　　D．只将超类映射成一张表

【答】 D。

9．HQL 支持带参数的查询语句，下面哪个是正确的？（　　）

A．HQL 只支持命名参数

B．HQL 只支持占位符（?）参数

C．HQL 支持命名参数和占位符参数

D．HQL 不支持动态参数

【答】 C。

10．如果使用 Hibernate 命名查询，SQL 语句应该定义在（　　）文件中。

A．持久化类文件

B．*.hbm.xml 映射文件

C．hibernate.properties

D．hibernate.cfg.xml

【答】 B。

第 13 章　Spring 框架基础

本章学习 Spring 框架的基础知识，包括 Spring IoC 容器、依赖注入的概念、Spring JDBC 的开发以及 Spring 与 Struts2 和 Hibernate 的整合。

13.1　知识点总结

（1）Spring 是轻量级 Java EE 开发框架，它为 Java EE 应用的各层提供解决方案，极大降低 Java EE 应用各层之间的耦合度。

（2）Spring 框架的主要功能是通过核心容器实现的。在 Spring 框架中有两种容器：BeanFactory 和 ApplicationContext。BeanFactory 提供了 Spring 的配置框架和基本功能，ApplicationContext 则添加了更多的企业级功能。

（3）创建 ApplicationContext 容器通常使用 ClassPathXmlApplicationContext 类或 FileSystemXmlApplicationContext 类，前者从类路径读取配置文件，后者从文件系统路径读取配置文件。

（4）Spring 配置文件是 XML 文件，通常在配置文件中声明 Bean 对象及其依赖关系。

（5）依赖注入（Dependency Injection，DI）是 Spring 框架的核心特征，其主要目的是降低程序对象之间的耦合度。应用依赖注入，当程序中一个对象需要另一个对象时，由容器来创建。

（6）Spring 的依赖注入通常有两种方式实现：

- 设值注入。Spring 容器使用属性的 setter 方法来注入被依赖的实例。
- 构造注入。Spring 容器使用构造方法来注入被依赖的实例。

（7）Spring 框架对 JDBC 的封装采用的是模板设计模式，它通过不同类型的模板来执行相应的数据库操作，JdbcTemplate 类提供了对所有数据库操作功能的支持，可以使用它完成对数据库的增加、删除、查询与更新操作。

（8）Spring 框架可以和 Struts 2 框架以及 Hibernate 框架整合，通常称为 SSH。SSH 整合框架是一个分层式开发架构，该框架划分出 4 层结构，分别是：视图层（JSP）、业务控制层（Action）、业务逻辑层（Service）、数据持久层（DAO）。

13.2　实 训 任 务

【实训目标】

学会 Spring 容器的概念和创建；学会依赖注入的使用方式；学习 Spring JDBC 开发数

据库访问程序；学习 Spring 与 Struts 2 和 Hibernate 5 的整合。

任务 1　学习 Spring 容器的概念和 Bean 的创建

本任务学习构建 Spring 开发环境以及 Spring 容器的创建。假设已经下载了 Spring 框架程序包和第三方依赖包 commons-logging，下面是具体步骤。

（1）在 Eclipse 中，创建一个名为 spring-demo 的动态 Web 项目，将 Spring 的 4 个基础包以及 commons-logging 的 JAR 包复制到项目的 WEB\lib 目录中，结果如图 13-1 所示。

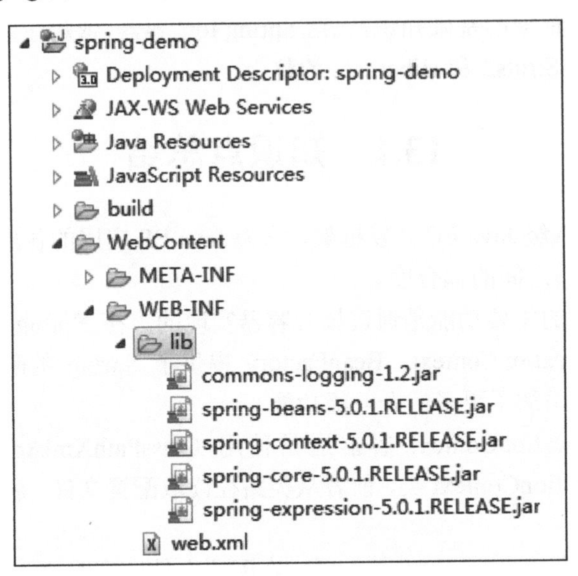

图 13-1　spring-demo 项目结构

（2）在 src 目录中，创建 com.bean 包，在该包中创建 Person 类，其中定义一个 sayHello()方法，代码如下：

```
package com.bean;
public class Person {
    public void sayHello(){
        System.out.println("Hello,我是中国人。");
    }
}
```

（3）在 src 目录中，创建 Spring 的配置文件 applicationContext.xml，并在配置文件中声明一个 id 为 person 的 Bean，代码如下：

```
<?xml version="1.0" encoding="UTF-8"?>
<beans xmlns="http://www.springframework.org/schema/beans"
       xmlns:xsi="http://www.w3.org/2001/XMLSchema-instance"
       xsi:schemaLocation=" http://www.springframework.org/schema/beans
       http://www.springframework.org/schema/beans/spring-beans-4.3.xsd">
  <bean id="person" class="com.bean.Person">
```

```
    </bean>
</beans>
```

（4）在 src 目录中，创建 com.demo 包，在该包中创建 PersonTest 测试类，并在类中编写 main()方法。在 main()方法中，需要初始化 Spring 容器，并加载配置文件，然后通过 Spring 容器获取 person 实例，最后调用实例的 sayHello()方法。

```
package com.demo;
import org.springframework.context.ApplicationContext;
import org.springframework.context.support.FileSystemXmlApplicationContext;
import com.bean.Person;
public class PersonTest{
    public static void main(String[] args) {
        //创建一个Spring容器
        ApplicationContext context = new FileSystemXmlApplicationContext(
                "src/applicationContext.xml");
        //从容器中检索person对象
        Person person = (Person)context.getBean("person");
        person.sayHello();
    }
}
```

（5）执行 PersonTest 应用程序，控制台输出结果如图 13-2 所示。从控制台输出可以看到，程序并没有使用 new 创建 Person 对象，而是从容器中返回了该对象，该对象由容器创建，这就是 Spring IoC 容器的作用。

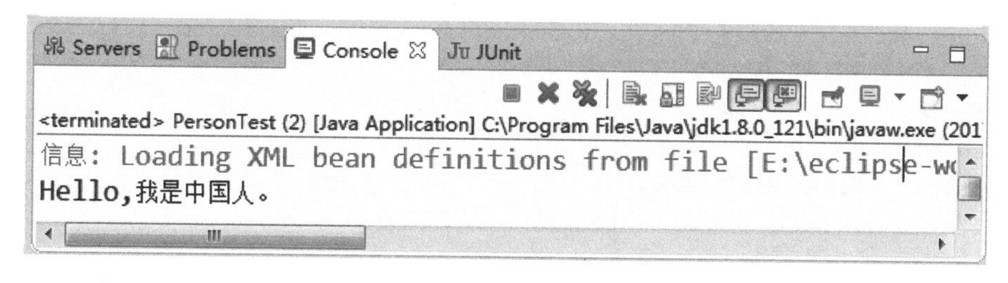

图 13-2　PersonTest 运行结果

任务 2　学习 Spring 依赖注入的实现

本任务学习 Spring 的依赖注入，它可动态地将所依赖的对象注入 Bean 组件中。其实现方式有两种：一种是属性 setter 方法注入，另一种是构造方法注入。下面以课程（Course）和教师（Teacher）为例学习依赖注入，具体步骤如下。

（1）在 spring-demo 项目的 com.bean 包中创建 Teacher 类表示教师，Teacher 类的代码如下：

```
package com.bean;
public class Teacher {
```

```
    private int id;               //教师编号
    private String name;          //姓名
    private String title;         //职称
    public Teacher() {}
    public Teacher(int id, String name, String title) {
       super();
       this.id = id;
       this.name = name;
       this.title = title;
    }
    public int getId() {
       return id;
    }
    public void setId(int id) {
       this.id = id;
    }
    public String getName() {
       return name;
    }
    public void setName(String name) {
       this.name = name;
    }
    public String getTitle() {
       return title;
    }
    public void setTitle(String title) {
       this.title = title;
    }
    @Override
    public String toString() {
       return name + "  " + title;
    }
}
```

（2）在 spring-demo 项目的 com.bean 包中创建 Course 类表示课程，Course 类依赖于 Teacher 类，表示一门课程需要一名教师讲授。Course 类的代码如下：

```
package com.bean;
public class Course{
   private int id;                 //课程号
   private String name;            //课程名
   private double credit;          //学分
   private Teacher teacher;        //任课教师
   public Course() { }
   public Course(int id, String name, double credit,
                      Teacher teacher){
```

```
        this.id = id;
        this.name = name;
        this.credit = credit;
        this.teacher = teacher;
    }
    public int getId() {
        return id;
    }
    public void setId(int id) {
        this.id = id;
    }
    public String getName() {
        return name;
    }
    public void setName(String name) {
        this.name = name;
    }
    public double getCredit() {
        return credit;
    }
    public void setCredit(double credit) {
        this.credit = credit;
    }
    public Teacher getTeacher() {
        return teacher;
    }
    public void setTeacher(Teacher teacher) {
        this.teacher = teacher;
    }
    @Override
    public String toString() {
        return name + "  " + credit + " " + teacher;
    }
}
```

（3）在配置文件 applicationContext.xml 中，创建一个 id 为 teacher1 的 Bean，该 Bean 用于实例化 Teacher 对象，通过<constructor-arg>子元素指定构造方法参数。另外，在配置文件中还创建一个 id 为 course1 的 Bean，该 Bean 用于实例化 Course 对象，通过配置<property>子元素调用 setter 设置每个属性值。注意，teacher 属性值配置的是对 teacher1 对象的引用。

```
<bean id="teacher1" class="com.bean.Teacher">
    <constructor-arg name="id" value="16010" />
    <constructor-arg name="name" value="张大海" />
    <constructor-arg name="title" value="副教授" />
```

```
</bean>

<bean id="course1" class="com.bean.Course">
    <property name="id" value="9709001" />
    <property name="name" value="数据结构" />
    <property name="credit" value="4.0" />
    <property name="teacher" ref="teacher1" />
</bean>
```

（4）在 com.demo 包中创建 CourseTest 测试类，并在类中编写 main()方法。在 main()方法中，需要初始化 Spring 容器，并加载配置文件，然后通过 Spring 容器获取 Teacher 类和 Course 类实例，并输出它们。

```
package com.demo;
import com.bean.Teacher;
import com.bean.Course;
import org.springframework.context.ApplicationContext;
import org.springframework.context.support.FileSystemXmlApplicationContext;
public class CourseTest{
    public static void main(String[] args) {
    //创建一个Spring容器
    ApplicationContext context = new FileSystemXmlApplicationContext(
                "src/applicationContext.xml");
    //从容器中检索person对象
    Teacher teacher = (Teacher)context.getBean("teacher1");
    System.out.println(teacher);
    Course course = (Course)context.getBean("course1");
    System.out.println(course);
    }
}
```

（5）执行 CourseTest 应用程序，控制台输出结果如图 13-3 所示。

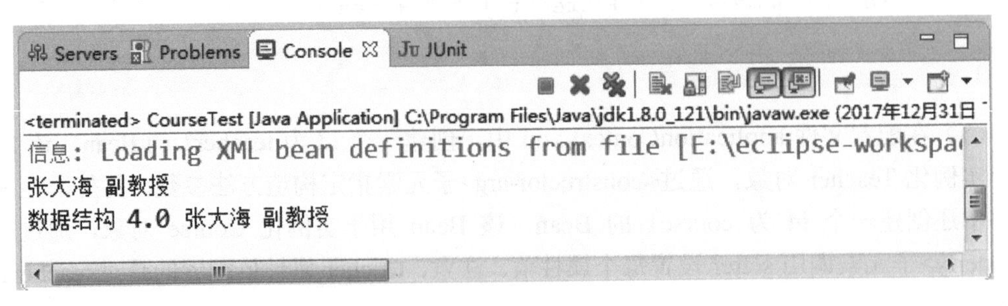

图 13-3　CourseTest 运行结果

从图 13-3 可以看出，使用 Spring 容器将 Teacher 一个实例使用 setter 方式注入到一个 Course 实例中。这就是 Spring 容器属性 setter 注入方法。

（6）在配置文件 applicationContext.xml 中，创建一个 id 为 course2 的 Bean，通过

<constructor-arg>子元素指定构造方法参数。

```
<bean id="course2" class="com.bean.Course">
    <constructor-arg name="id" value="9709002" />
    <constructor-arg name="name" value="数据库原理及应用" />
    <constructor-arg name="credit" value="3.5" />
    <constructor-arg name="teacher" ref="teacher1" />
</bean>
```

在 CourseTest 测试类中声明另一个 Course 类对象，返回并输出 course2 对象信息。该例中就是使用构造方法注入的方式。

任务 3　学习 Spring JDBC 数据库开发

本任务学习使用 Spring JDBC 实现数据库 CRUD 操作。

（1）在 spring-demo 项目中，将 Spring 的类库 JAR 文件和 MySQL 数据库驱动程序包 mysql-connector-java-5.1.44-bin.jar 文件复制到 WEB\lib 目录中。

（2）在 MySQL 数据库 webstore 中创建 account 账户表，该表包含 id、name 和 balance 三个字段，分别表示账户 id、姓名和账户余额。创建该表的代码如下：

```
CREATE TABLE account(
    id  INT NOT NULL AUTO_INCREMENT,
    name VARCHAR(20) NOT NULL,
    balance  FLOAT NOT NULL,
    PRIMARY KEY (ID)
);
```

（3）在 spring-demo 项目的 com.bean 包中创建 Account 类表示账户，代码如下：

```
package com.bean;
public class Account {
    private Integer id;
    private String name;
    private Float balance;
    public void setId(Integer id) {
        this.id = id;
    }
    public Integer getId() {
        return id;
    }
    public void setName(String name) {
        this.name = name;
    }
    public String getName() {
        return name;
    }
```

```
    public void setBalance(Float balance) {
        this.balance = balance;
    }
    public Float getBalance() {
        return balance;
    }
}
```

（4）在 spring-demo 项目中新建 com.dao 包，在该包中创建 AccountMapper 类，它实现 RowMapper 接口，它是一种回调对象。以 RowMapper 对象作为参数的 query()方法直接返回 List 型的结果，代码如下：

```
package com.dao;
import com.bean.Account;
import java.sql.ResultSet;
import java.sql.SQLException;
import org.springframework.jdbc.core.RowMapper;

public class AccountMapper implements RowMapper<Account> {
    public Account mapRow(ResultSet rs, int rowNum) throws SQLException {
        Account account = new Account();
        account.setId(rs.getInt("id"));
        account.setName(rs.getString("name"));
        account.setBalance(rs.getFloat("balance"));
        return account;
    }
}
```

（5）在 com.dao 包中创建 AccountDao 接口，其中定义了对数据库表的操作方法，create()方法向表中插入账户记录，listAccounts()方法返回所有账户列表，update()方法根据账户 id 修改账户余额，getAccount()方法根据账户 id 返回账户对象，delete()方法根据账户 id 删除账户对象，代码如下：

```
package com.dao;
import java.util.List;
import javax.sql.DataSource;
import com.bean.Account;

public interface AccountDao {
    public void setDataSource(DataSource ds);
    public void create(String name, Float balance);
    public List<Account> listAccounts();
    public void update(Integer id, Float balance);
    public Account getAccount(Integer id);
```

```
    public void delete(Integer id);
}
```

（6）在 com.dao 包中创建 AccountDaoImpl 类，它实现 AccountDao 接口，代码如下：

```
package com.dao;
import java.util.List;
import javax.sql.DataSource;
import org.springframework.jdbc.core.JdbcTemplate;
import com.bean.Account;

public class AccountDaoImpl implements AccountDao{
    private DataSource dataSource;
    private JdbcTemplate jdbcTemplate;

    public void setDataSource(DataSource dataSource) {
        this.dataSource = dataSource;
        this.jdbcTemplate = new JdbcTemplate(dataSource);
    }
    public void create(String name, Float balance) {
        String sql = "insert into account (name, balance) values (?, ?)";
        jdbcTemplate.update(sql, new Object[] {name, balance});
        System.out.println("插入记录：账户名 = " + name + " 余额 = " + balance);
        return;
    }
    public List<Account> listAccounts() {
        String sql = "select * from account";
        List <Account> accounts =
           jdbcTemplate.query(sql, new AccountMapper());
        return accounts;
    }
    public void update(Integer id, Float balance){
        String sql = "update account set balance = ? where id = ?";
        jdbcTemplate.update(sql, balance, id);
        System.out.println("修改记录ID = " + id );
        return;
    }
    public Account getAccount(Integer id) {
        String sql = "select * from account where id = ?";
        Account account = jdbcTemplate.queryForObject(
                sql, new Object[]{id}, new AccountMapper());
        return account;
    }
    public void delete(Integer id){
```

```
        String sql = "delete from account where id = ?";
        jdbcTemplate.update(sql, id);
        System.out.println("删除记录ID = " + id );
        return;
    }
}
```

（7）在 applicationContext.xml 配置文件中，配置 id 为 dataSource 的数据源 Bean 和 id 为 accountDao 的 AccountDaoImpl 实现类对象，代码如下：

```
<bean id = "dataSource"
     class =
 "org.springframework.jdbc.datasource.DriverManagerDataSource">
     <property name = "driverClassName" value = "com.mysql.jdbc.Driver"/>
     <property name = "url"
        value = "jdbc:mysql://localhost:3306/webstore?useSSL=true"/>
     <property name = "username" value = "root"/>
     <property name = "password" value = "123456"/>
  </bean>

  <!-- 定义AccountDaoImpl实现类Bean -->
 <bean id = "accountDao"  class = "com.dao.AccountDaoImpl">
     <property name = "dataSource" ref = "dataSource" />
 </bean>
```

（8）在 com.demo 包中创建 MainApp.java 应用程序，在 main()方法中创建 Spring 容器对象，然后返回配置文件中 id 为 accountDao 的 Bean 对象，代码如下：

```
package com.demo;
import java.util.List;
import org.springframework.context.ApplicationContext;
import org.springframework.context.support.ClassPathXmlApplicationContext;
import com.dao.AccountDaoImpl;
import com.bean.Account;

public class MainApp {
    public static void main(String[] args) {
        ApplicationContext context =
             new ClassPathXmlApplicationContext("applicationContext.xml");
        AccountDaoImpl accountDao =
                    (AccountDaoImpl)context.getBean("accountDao");
        System.out.println("------插入记录--------" );
        accountDao.create("张大海", 1100F);
        accountDao.create("刘晓明", 1200F);
```

```
        accountDao.create("Alan", 1500F);
        System.out.println("------显示记录--------" );
        List<Account> accounts = accountDao.listAccounts();
        for (Account record : accounts) {
           System.out.print("账户id: " + record.getId() );
           System.out.print(", 姓名 : " + record.getName() );
           System.out.println(", 余额 : " + record.getBalance());
        }
    }
}
```

执行该程序，在控制台窗口显示结果如图 13-4 所示。查询数据库表可以看到记录被插入表中。

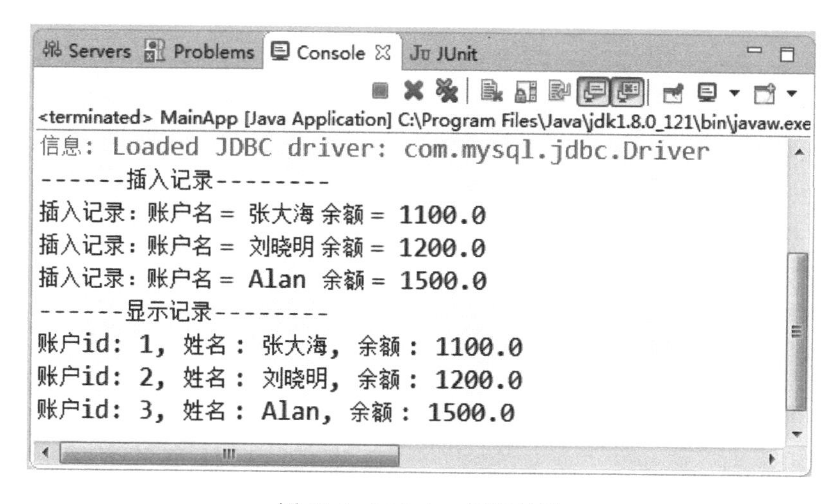

图 13-4 MainApp 运行结果

13.3 思考与练习答案

1．如何理解 Spring 容器的概念？在 Spring 框架中有哪两种容器？在应用程序中如何创建容器？

【答】 Spring 容器提供框架的核心功能，用于创建、配置和管理 JavaBeans。在 Spring 框架中有两种容器：BeanFactory 和 ApplicationContext。可用 ClassPathXmlApplicationContext 类或 FileSystemXmlApplicationContext 类创建容器。

2．如何理解 Spring 的依赖注入？实现依赖注入主要有哪两种方式？

【答】 依赖注入是指当程序中一个对象需要另一个对象时，创建被调用者的工作不再由调用者完成，而是由 Spring 容器来完成，然后注入给调用者，这称为依赖注入。Spring 的依赖注入通常由两种方式实现：设值注入（使用属性的 setter 方法来注入被依赖的实例）和构造注入（使用构造方法来注入被依赖的实例）。

3．如果在 Spring 的配置文件中要配置一个数据源 Bean，需要指定哪 4 个参数？

【答】 driverClassName 参数指定数据库驱动程序，url 指定数据库 URL，username 指定用户名，password 指定用户口令。

4．Spring 与 Struts 2 整合后，原来 Struts 2 的 Action 类由谁创建？（　　）

A．仍由 Struts 2 框架创建　　B．由 Spring 容器创建

C．由应用程序创建　　D．不需要创建

【答】 B。

5．Spring 与 Hibernate 整合后，不需要在 hibernate.cfg.xml 文件中配置 DataSource 和 SessionFactory 对象，应该在哪里配置？

【答】使用 Spring 的配置文件 applicationContext.xml 配置 DataSource 和 SessionFactory 对象。